21 世纪计算机系列规划教材

U0148556

信息化应用基础实践教程

张 永 主 编

夏 平 副主编

聂 明 主 审

电子工业出版社

Publishing House of Electronics Industry

北京 · BEIJING

内 容 简 介

本书集中了作者多年从事信息化应用教学、研究的经验,从实用的角度出发,对生活中经常面临的各种信息化需求,从应用场景、技术要求到问题的分析和解决,均有详细的论述,具备极强的操作性。全书共分 8 章,分别介绍了操作系统的使用和维护、文字处理、电子表数据处理、演示文稿制作、信息技术基础、计算机维护技术、网络应用和信息安全技术。附录中对常用术语、职业应用场景也做了相关描述,并配以相关拓展题目,对知识的巩固和提升将起到强化作用。

本书适用于普通信息化应用读者,也适用于高等院校计算机基础类教学。对于教学应用,本书将能为学生从各个方面建立完整而系统的信息化基础知识,对其将来的自我提高打下良好的基础。

图书在版编目(CIP)数据

信息化应用基础实践教程 / 张永主编. —北京:电子工业出版社,2011.9
21 世纪计算机系列规划教材
ISBN 978-7-121-14583-4

Ⅰ. ①信… Ⅱ. ①张… Ⅲ. ①电子计算机－高等职业教育－教材 Ⅳ. ①G202

中国版本图书馆 CIP 数据核字(2011)第 185578 号

策划编辑:程超群
责任编辑:程超群　文字编辑:刘少轩
印　　刷:北京市李史山胶印厂
装　　订:
出版发行:电子工业出版社
　　　　　北京市海淀区万寿路 173 信箱　邮编　100036
开　　本:787×1 092　1/16　印张:13　字数:332.8 千字
印　　次:2011 年 9 月第 1 次印刷
印　　数:4 000 册　定价:29.00 元

本书编委会名单

主　编：张　永

副主编：夏　平

编　委：孙仁鹏　边长生　倪　靖　乔　洁

　　　　周　霞　马秀芳　李红岩

审　稿：聂　明

前　言

当今的社会已经是不折不扣的信息化社会了，信息化应用已经渗透到我们生活中的各个领域，从金融到通信，从生活到工作，几乎每个领域都离不开信息化手段的支持；从家庭到单位，从学校到超市，几乎每个场所使用各种信息设备的人均随处可见；从网页浏览到虚拟社区，从视频通信到网络游戏，各种信息化应用方式为我们的生活增添了无限乐趣。每天，当我们登录网络、打开手机和电视，各种信息就会铺天盖地而来，让我们目不暇接。

如何才能不被信息化浪潮淹没，如何才能在信息化社会更好地生活，是我们每个当代的人都要面对的问题。掌握必备的信息化素养和信息化应用手段是唯一的选择。

不是天天和计算机打交道就具备了一定的信息化素养，也不能说你使用了最先进的信息化工具信息化素养就高。所谓的信息化素养应该是你对信息、数据及其处理和表现手段有清晰的认识，对当前主流的信息化工具和操作技能有良好的应用才可以。具备良好信息化素养的人，无论使用何种信息化工具，采用哪种信息化获取方式，均应该能合理而有效地处理信息，并具备一定的自我扩展能力，这就是所谓的"数字化生存"。

本书集中了作者多年从事信息化应用教学、研究的经验，从实用的角度出发，对生活中经常面临的各种信息化需求，从应用场景、技术要求到问题的分析和解决，均有详细的论述，具备极强的操作性。全书共分 8 章，分别介绍了操作系统的使用和维护、文字处理、电子表数据处理、演示文稿制作、信息技术基础、计算机维护技术、网络应用和信息安全技术。附录中对常用术语、职业应用场景也做了相关描述，并配以相关拓展题目，对知识的巩固和提升将起到强化作用。

本书适用于普通信息化应用读者，也适用于高等院校计算机基础类教学。对于教学应用，本书将能为学生从各个方面建立完整而系统的信息化基础知识，对其将来的自我提高打下良好的基础。

本书的编写得到了南京信息职业技术学院计算机与软件学院的大力支持，系统管理与维护教研室的多名教师均参与了编写工作；电子工业出版社对本书的出版发行给予了极大的帮助，是他们的辛勤工作才能使本书与读者见面，借此机会对他们表示衷心的感谢。

由于编者水平有限，疏漏之处在所难免，恳请读者批评指正。

编　者

目　录

第 1 章　计算机基本操作

计算机应用的基础是对操作系统的熟练使用，本章将学习对常规操作系统的基本使用和相关计算机基本操作技术。

计算机应用在我们的生活中是如此普及，无论是专业人员还是退休的老人，都在使用计算机进行着各种各样的操作。从专业的程序开发，到网络冲浪、游戏、音视频应用和电子商务，处处都可见到计算机的身影。不夸张地说，我们现今的生活已经完全离不开计算机系统的支持了，想象一下现今的生活中如果没有计算机系统将会发生什么：大到航空、铁路、银行、电信等公共系统停止服务；小到每个人将再也不能不受限制地与人通信，不能顺利地完成原来是很简单的工作，不能使用公交卡，甚至也不能到超市购物和到医院看病了。

所有的计算机的应用，均依赖于操作系统的支持。操作系统（Operating System，简称 OS）是覆盖在硬件上面的第一层软件，没有安装操作系统的物理设备（称为裸机）将不能完成任何的计算机工作。所有的计算机的顶层用户操作，均需在操作系统的支持下才能完成。

操作系统是管理电脑所有软硬件资源的系统软件，是计算机系统的核心。

操作系统有 5 大功能：进程与处理机管理、作业管理、存储管理、设备管理和文件管理。

计算机形态的不同决定要使用不同的操作系统：在一般用户的心目中，通常认为计算机就是台式电脑和笔记本电脑这两种常见的类型，实际上远远不止于此。我们先来看计算机的定义：一种用于高速计算的电子设备，可以进行数值计算、逻辑计算，具有存储记忆功能，能按照人预先编制的程序进行工作。在生活中，符合以上定义的设备比你通常的认识要多得多，其中很多设备就在你的身边而你通常并不认为它们是"计算机"。

专业的计算机分类是极其复杂的，我们先按普通用户的理解从外形方面来划分。先来认识一些图片。

如图 1-1 所示为国防科学技术大学研制，部署在国家超级计算天津中心的千万亿次超级计算机系统"天河一号"，实测运算速度可以达到每秒 2570 万亿次。2010 年 11 月，天河一号创造了"最快的计算机系统"当时的世界纪录（2010 年 11 月 14 日，国际 TOP500 组织评测）。该系统为典型的巨型机系统，使用了 6000 多个通用处理器和 5000 多个加速处理器。这种超级计算机系统广泛地应用于石油勘探数据处理、生物医药研究、航空航天、资源勘测和卫星遥感数据处理等国民经济重要领域。

图 1-1　"天河一号"超级计算机系统

如图 1-2 和图 1-3 所示分别为服务器类型的计算机和服务器机柜构成的数据中心。服务器在现代大型应用系统中有非常重要的作用，我们平时登录的各种网站、收发邮件服务、网络音视频应用和电子银行等等均由这一类的计算机系统提供服务。

图 1-2　服务器

图 1-3　服务器机柜

如图 1-4 所示为大家最熟悉的台式机和笔记本电脑，是个人用户应用最普遍的计算机类型。

图 1-4　台式机和笔记本电脑

如图 1-5 所示为单片机，也称之为嵌入式计算机。是采用超大规模集成电路技术把具有数据处理能力的 CPU、随机存储器 RAM、只读存储器 ROM、多种 I/O 接口和中断系统、定时器/计时器等功能（可能还包括显示驱动电路、调制电路、多路转换器、A/D 转换器等）集成到一块半导体芯片上构成的一个小而完善的计算机系统。其特点为集成度高、结构简单、模块化、可靠性好、响应速度快、价格低廉等，被广泛地应用于智能仪表、工业控制、家用电器、网络通信设备等领域。这种类型的"计算机"在空调、冰箱、微波炉、洗衣机、网络设备、液晶电视机、汽车等家用设备中几乎是无处不在，但是人们通常是不会认为"它"是计算机的。

如图 1-6 所示不是手机么？没错，就是手机，手机也属于计算机。不信？那您对照一下计算机的定义看看。而且，现在很多的智能手机能安装操作系统、能安装软件（比如 Office 和其他程序）、能使用网络，这还不算是计算机么？实际上，现在很多智能手机的性能比十几年前的台式电脑还强大呢。

图 1-5　单片机　　　　　　　　　　图 1-6　智能手机

如图 1-7 所示为近年来开始流行的平板电脑，它的推出为计算机产品市场注入了新的活力，拓展了个人电脑造型方面的思路。当下流行的平板电脑由苹果公司的 iPad 作为其中的典型代表，各计算机厂商也相继发布了不同的产品。平板电脑可以理解为笔记本电脑的浓缩版，是一款无须翻盖、没有键盘（可使用虚拟键盘或配置无线键盘）、小到足以放入女士手袋，但却功能完整的 PC。比之笔记本电脑，它除了拥有其所有功能外，还支持手写输入或者语音输入，移动性和便携性都更胜一筹。

图 1-7　平板电脑

拓展了计算机的概念后，我们再来了解计算机所安装的操作系统类型。前面说过，不同的计算机形态要安装不同的操作系统。"天河一号"这一类的超级计算机要使用特别设计的操作系统；服务器上运行的通常是专门适合服务器使用的操作系统（比如 UNIX、Linux 和 Windows Server）；个人电脑上运行的为我们常见的操作系统（早期的 DOS、Windows XP、Windows 7、Linux，苹果电脑专用的操作系统 Mac OS 等）；单片机使用的是特别编制的嵌入式系统（包括嵌入式手机也是如此），这种系统通常是固化在硬件中，用户想自行升级更新比较困难；智能手机也需要运行专门开发的操作系统（Symbian、Windows Mobile、Android、iOS 等），这种操作系统专门为移动应用进行了特别的设计，在硬件达标的情况下，用户可自行升级操作系统；平板电脑作为介于笔记本电脑和智能手机的中间角色，其选用的操作系统也体现了这一点，现在的平板电脑上运行的操作系统多与手机平台相同，如苹果公司的 iOS，谷歌公司的 Android 等。真正 PC 平台的操作系统向平板电脑的迁移还不是很理想，有待于未来的继续改进。

本书将以经典的 Windows XP 操作系统为例向大家展示操作系统的各种基本使用知识，硬件平台选用 IBM 兼容机（即国内用户通常使用的 PC 类型，由于苹果机的硬件和软件都自成一系，加之国内用户数量不是太多，在此就不特别介绍了）。

Windows XP 为世界著名软件公司微软公司（Microsoft）的经典操作系统产品，也是最为国内用户所熟知并得以广泛应用的操作系统。

微软公司是世界 PC（Personal Computer，个人计算机）软件开发的先驱之一，由比尔·盖茨与保罗·艾伦创始于 1975 年，总部设在美国华盛顿州的雷德蒙市（Redmond，邻近西雅图），目前是全球最大的电脑软件提供商（2010 年福布斯全球排名第 49 位）。其产品范围包括 Windows 系列操作系统、Internet Explorer 网页浏览器、Microsoft Office 办公软件套件、MSN Messenger 网络即时信息客户程序、媒体播放器 Windows Media Player、集成开发环境 Visual Basic、Visual C++、Microsoft Visual Studio、数据库产品 Visual FoxPro、SQL Server 系列、Xbox 游戏机、帝国时代游戏，等等，横跨硬件、软件、网络、媒体、数据服务各个领域。

Windows XP 取名于英文 experience（汉语字意：体验）中的第二和第三个字母，于 2001 年发布（内部版本号：Windows NT 5.1）。随着新一代操作系统 Windows 7（内部版本号：Windows NT 6.1）的逐渐普及应用，微软于 2010 年 7 月 22 日停止了对 Windows XP SP2 的技术支持（Windows XP SP3 仍可继续获得支持，延续到 2014 年），也就意味着 Windows XP 将不再能获取新的更新了。

下面简要介绍一下微软公司操作系统系列产品的发展历史，以便用户更好地选用操作系统（如图 1-8 所示）。

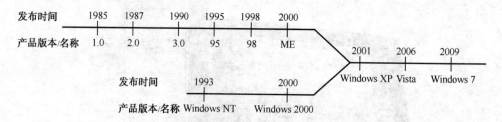

图 1-8　微软公司系列操作系统产品

如图 1-8 所示为微软公司 Windows 系列操作系统的发展路线图。最上边的一个分支从 1985 年至 2000 年展示的是 DOS 内核的 Windows 系列产品，其中最经典的是 Windows 98，后因其稳定性太差而被淘汰。微软公司转而从 Windows NT（Windows New Technology，微软和 IBM 联合开发的操作系统，早期主要应用于服务器上）平台开始发展新一代的操作系统，第一代基于 NT 内核并结合了 Windows 98 操作界面的操作系统就是大名鼎鼎的 Windows 2000，在 Windows 2000 基础上进一步优化和美化的操作系统 Windows XP 更成为了经典。2001 年之后，微软公司不断在操作系统领域更新产品以保持竞争优势，2006 年发布了 Windows Vista（内部版本 Windows NT 6.0），但由于其系统资源消耗太高，当时的计算机硬件还远远不能满足其要求，所以市场反馈不如预期，可以说是不太成功的产品。之后的两年多，微软在不断改进产品，终于在 2009 年 10 月，新一代的操作系统 Windows 7 成功上市。Windows 7 以其精美的界面、强大的性能和良好的用户体验迅速抢占了市场，现在已经有越来越多的计算机操作系统选用 Windows 7。可是，还是有许多忠实的 Windows XP 用户不想升级，原因是 Windows 7 的操作与 Windows XP 相比实在是太复杂了。不过，技术的进步是不可逆转的，未来的电脑操作系统，以 Windows 7 为代表的新一代操作系统将会成为主流趋势。

Windows 7 现有 32 位和 64 位两种版本，每种版本又根据功能的不同，可划分为家庭版、专业版、企业版、旗舰版等。

下面我们将以操作比较简单的 Windows XP 为例，向大家介绍 PC 操作系统的使用常识。

1.1　计算机使用基础

1.1.1　启动与退出

台式 PC 与笔记本电脑的启动均需通过硬件按钮来操作，不同的是，台式机上通常有两个按钮（Power 键与 Reset 键），而笔记本电脑上面一般只有一个 Power 键，如图 1-9 所示。

图 1-9　台式机和笔记本电脑的电源开关

Power 键的作用是为电脑加电，执行开机启动，在某些特殊的情况下，比如操作系统失效，不能通过操作系统或其他方式关闭计算机时，可通过长按 Power 键（约 10 几秒以上）执行强制关机。

Reset 键，也叫复位键，用于电脑死机重启或者需要重新启动时。台式机为了避免用户误触发 Reset 键，通常把 Reset 键都做得非常小。

按 Power 键或 Reset 键启动计算机的过程均执行硬件检测，电流对硬件会产生一定的冲击，所以建议尽量不要频繁按 Reset 键重启电脑。品牌笔记本电脑上面基本不设置 Reset 键。

1. 计算机的启动过程

用户都知道计算机加电、开机、进入操作系统后所有的其他操作均交付给操作系统来完成，如果在开机过程中出现硬件故障，将不能进入操作系统，计算机也就无法使用。那么，我们是怎么通过按 Power 键来进入操作系统的呢？这个动作凡是使用计算机的人几乎每天都会执行，但是您知道其中的具体过程么？下面我们来详细了解计算机系统的启动过程。

如图 1-10 所示描述的是标准的计算机从硬盘启动操作系统的过程。

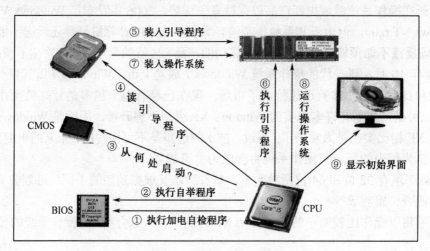

图 1-10　操作系统启动过程

具体的流程如下：

（1）CPU 执行 BIOS 中的自检程序，测试计算机中各硬件的工作状态是否正常。

（2）执行 BIOS 中的自举程序。

（3）从 CMOS 中读出引导盘设置信息。

（4）从硬盘引导区中读出引导程序。

（5）将引导程序载入到内存。

（6）CPU 执行引导程序。

（7）从硬盘向内存载入 OS。

（8）CPU 运行 OS，计算机处于 OS 的控制之下，等待用户操作。

BIOS 是英文（Basic Input Output System）的缩略语，中文名称是"基本输入/输出系统"。其实，它是一组固化到计算机内主板上一个 ROM 芯片上的程序，它保存着计算机最重要的基本输入/输出程序、系统设置信息、开机后自检程序和系统自启动程序。其主要功能是为计算机提供最底层的、最直接的硬件设置和控制。通常计算机如果开机自检硬件有故障，BIOS 将会发出不同的声音来报警。

台式机开机的时候会有一闪而过的画面（如图 1-11 所示），此画面即为开机自检信息，该信息会列出 BIOS 版本、CPU、内存等主要的检测信息。笔记本电脑的硬件检测信息一般不列出，直接展示制造商的 LOGO 画面。

BIOS 是基本输入/输出系统，用户可以进入该系统进行管理设置（比如安装操作系统的时候就要设置从光盘启动），那么怎么进入 BIOS 呢？请看图 1-11，在这个图的最下方有一行提示信息"Press DEL to enter SETUP"，这就是告诉我们进入 BIOS 要按键盘上的 DEL 键，请在此画面出现的一瞬间，快速按下 DEL 键即可进入 BIOS 界面了（如图 1-12 所示）。需要注意的是，不同品牌的电脑进入 BIOS 的按键可能是不同的，需要你看清这个提示信息，比如有些笔记本电脑是按"F1"键进入的。

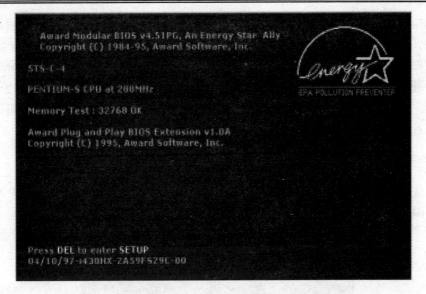

图 1-11　BIOS 开机自检

AwardBIOS 设置界面			
英　文	对照中文	英　文	对照中文
SoftMenu Setup	软超频设置选项	PC Health Status	PC 健康状态
Standard CMOS Features	标准 COMS 选项	Load Fail-Safe Defaults	加载默认设置
Advanced BIOS Features	高级 BIOS 功能	Load Optimized Defaults	加载最佳默认设置
Advanced Chipset Features	高级芯片组设置	Set Password	密码设置
Integrated Peripherals	集成设备管理	Save & Exit Setup	保存并退出
Power Management Setup	电源管理	Exit Without Saving	不保存退出
PnP/PCI Configurations	PnP/PCI 配置		

图 1-12　BIOS 设置主界面（含中文对照）

现在 PC 中安装的 BIOS 基本都是由 Award Software 或 Phoenix 公司提供的。早期的 BIOS 是在计算机出厂的时候通过一定手段直接固化在主板上的 ROM（只读）芯片当中的，用户不可自行改写；现在的主流计算机基本都支持用户手动更新 BIOS，俗称"刷 BIOS"，方法是用户从主板厂家的网站上下载 BIOS 新的版本软件，在本机上安装执行就可以了。不过品牌笔记本电脑用户最好不要在质保期内手动刷新 BIOS，否则可能在硬件出问题的时候会失去质保资格。

CMOS（Complementary Metal Oxide Semiconductor，互补金属氧化物半导体）在计算机领域是指主板上的一块可读写的 RAM 芯片，是用来保存 BIOS 的硬件配置和用户对某些参数的设定。CMOS 是易失性的存储器，需要由主板上的一个纽扣电池供电，即使系统掉电，信息也不会丢失。CMOS 本身只有数据保存功能，而对其中各项参数的设定要通过专门的程序，即 BIOS，因此 BIOS 设置有时也被叫做 CMOS 设置。如果将主板上的那个纽扣电池拿下，隔一会再放回去，用户设置的所有信息均会消失，CMOS 中的设置将会回到出厂状态。

硬盘的第一个扇区被保留为主引导扇区，它位于整个硬盘的 0 磁道 0 柱面 1 扇区，包括硬盘主引导记录 MBR（Main Boot Record）和分区表 DPT（Disk Partition Table）。其中主引导记录的作用是检查分区表是否正确以及确定哪个分区为引导分区，并在引导程序结束时把该分区的启动程序（也就是操作系统）调入内存加以执行。

以上过程即为操作系统的启动过程以及相关知识。操作系统启动后，我们应该知道，计算机执行的所有程序（含操作系统）均为二进制表示，二进制在计算中表示为高低电平信号，这样就可实现由软件向电信号的转变，再由电信号去控制硬件电路，从而实现计算机的控制与管理。下面来看关机过程。

2. 操作系统的退出

操作系统的退出由用户通过操作系统发出指令即可。退出界面在 Windows XP 系统中有三种选择，如图 1-13 所示。

图 1-13　关闭计算机选项

（1）关闭。真正关闭计算机系统。关机过程为：结束正在运行的所有程序→整理页面文件→停止硬件设备→关闭电源。

（2）重新启动。过程为：结束现有所有程序→整理页面文件→停止硬件设备→再次载入操作系统数据→启动操作系统。

（3）待机。待机是系统将当前状态保存于内存中，然后退出系统，此时电源消耗降低，维持 CPU、内存和硬盘最低限度的运行；按计算机上的电源键（笔记本电脑按"Fn"键）就可以激活系统，电脑迅速从内存中调入待机前状态进入系统，这是重新开机最快的方式，但是系统并未真正关闭，适用于短暂关机（注意：进入待机状态后，有时 CPU 温度会超过 60℃，原因是由于 CPU 进入待机状态时关闭了散热风扇）。

1.1.2　键盘、鼠标与显示器

键盘与鼠标为 PC 标准输入设备，显示器为标准输出设备（键盘与鼠标的类型等见第 6 章硬件部分知识）。

键盘的作用是向计算机录入字符型数据或发出控制性指令，是计算机操作中必须使用的硬件设备。熟练的计算机操作人员应当掌握良好的键盘指法，尽可能杜绝"一指禅"等不良的键盘使用习惯。基本键位及指法如图 1-14 所示，初学者可以使用类似于"金山打字通"这一类的软件进行标准练习，先熟悉键位，然后练习基础英文操作，待熟悉基础汉字录入技法后，建议使用 QQ 聊天的模式进行实景练习，这样不易枯燥，而且学以致用，会更快地达到"盲打"的境界。

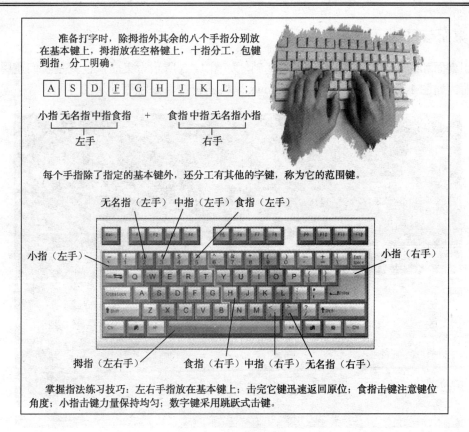

图 1-14 键盘指法图

鼠标是随着 Windows 这一类图形用户界面的操作系统而流行的，现已成为标准设备。但是鼠标不是操作系统必需的设备，所有鼠标的操作均可由键盘实现。通常软件设计者必须考虑没有鼠标的操作情况，只不过有些操作使用鼠标更快捷罢了。

现在标准的鼠标为双键加滚轮模式。在使用鼠标的时候要注意双击的速度和准确度，过度激烈的鼠标/键盘使用习惯（比如长时间打激烈的游戏）会对手指或手腕造成伤害（比如 CTS，Carpal Tunnel Sydrome，计算机腕管综合症），请在使用时注意这一点。鼠标的准确度和灵敏度练习可通过长时间的使用养成，或通过"扫雷游戏"等来进行针对性的训练以提高技巧。

显示器对于个人电脑的使用实在是太重要了，我们使用电脑的任何时候都要面对它。良好的习惯还是保持身体健康的不二法门，长时间保持一个姿势盯着显示器观看会引起身体很多方面的不适（比如 CVS，Compute Visual Syndrome，计算机视觉综合症），办公室长时间伏案工作的白领们常见的腰椎、颈椎、视力方面的问题均与电脑有关。以下这些建议对您在使用电脑的同时保持健康有很大好处：

（1）选取合适的座椅，将显示器、键盘与鼠标摆放在合适的高度。

（2）不要长时间保持一个姿势不动，每隔半小时起来活动一下，眼睛看看别处。

（3）眼睛与显示器的距离保持在至少 50cm 以上为好。

（4）将显示器的亮度和对比度调整到合适。

（5）用防辐射功能的眼镜，常喝绿茶、菊花茶也是不错的防护手段。

（6）运动锻炼，比如瑜伽，身体拉伸操等要经常做，哪怕是转转头都是好的。

1.1.3　桌面与窗口

认识桌面和窗口是操作 Windows 的基础，如图 1-15 所示为桌面，也就是我们使用电脑的屏幕界面。如图 1-16 所示为典型的 Windows 风格的窗口，是程序使用的界面。

图 1-15　桌面

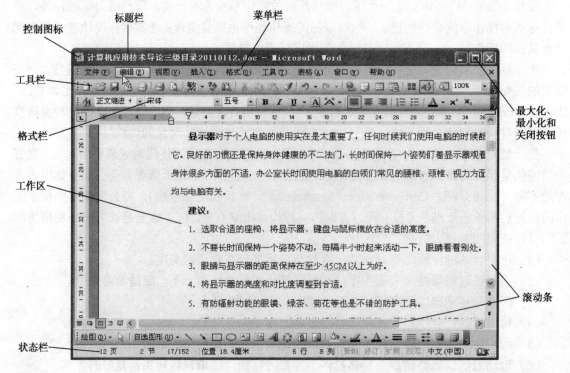

图 1-16　典型 Windows 风格的窗口

1.2　文　字　录　入

文字录入也是计算机基本操作技术之一。计算机可以处理的数据形式很多，字符型数据是最基本的一种。快速而熟练的文字录入是计算机使用过程中最基础的基本功。

从文字类型来分，文字录入可包括外文录入、符号录入和中文录入。从录入方法来分，可分为键盘手工录入、语音录入、手写录入和 OCR 字符识别技术录入等（广义的汉字录入还包括用于速写记录的速录机，在此不做特别介绍）。

1．手工录入

手工录入是最基础的基本功，常规键盘指法前面已经展示过（如图 1-13 所示），无论是外文录入还是中文录入均需要娴熟的键盘操作，"盲打"应该是最基本的要求。计算机键盘布局主要是为了英文输入而设置的，所以常规的英文录入无须任何的输入法软件。

中文汉字的手工录入需要借助特别设计的输入法软件来帮忙（其他非英文的文字录入也如此），汉字输入法主要包括拼音和形码两大类别。

最出名的形码输入法为五笔字型汉字输入法，其基本原理是将汉字拆成不同的基本结构（称之为"字根"），从而实现汉字录入。它可能是各种汉字录入法中最快速的一种，最熟练的五笔打字人员甚至能达到每分钟录入 200 多个汉字。但是由于五笔字型输入要记很复杂的"字根"表，入门比较难，所以近些年来普及度有些下降。

拼音输入法入门就容易得多了，只要掌握了键盘的键位，会拼音就能够打字了，所以近些年来各种各样的拼音汉字输入法层出不穷。比较常见的有"搜狗拼音"、"华宇紫光"、"微软拼音"、"谷歌拼音"、"QQ 拼音"、"百度拼音输入法"等等。这些输入法各有特色，几乎所有的拼音输入法现在都支持大容量的词库并在线更新、快速连打、智能感知词语等功能。具体哪个输入法更好用，就看每个人的喜好了。拼音输入法的不足之处有：

① 要求打字者必须知道汉字的读音，不知道读音的无法输入（所以有些拼音不好的或地方口音很重的人用起来觉得有些不舒服）；

② 还无法与五笔字型输入法在速度方面相比（但是常规使用肯定是够了）。

2．语音录入

应该说语音录入技术是正在发展中的智能文字录入技术，将来可作为人—机对话的基础支撑技术，但目前来看这一项技术还不是很成熟。市场上有一些相关的产品可供选用，比如 Office 中就集成了语音识别系统（"工具"菜单→"语音"项），还有 IBM 语音识别系统等。

语音录入可以帮助我们实现文字录入或菜单命令操作等，它甚至可以帮助我们无须借助键盘或鼠标，就可以实现所有的计算机操作。

语音录入需要使用话筒作为输入设备，其通常的使用步骤是：开始先提供一段文字信息，让你对着话筒读出来，用来记录你的说话习惯和声音特点，从而生成配置信息（如图 1-17 所示），练习好后就可以使用语音录入系统录入文字或命令了。

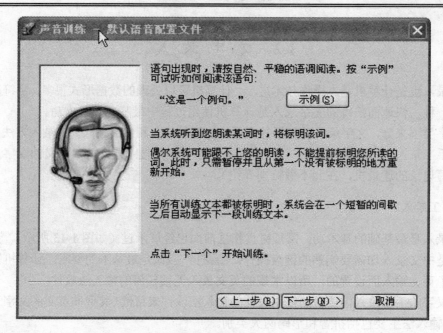

图 1-17　Office 语音识别系统声音训练

现在语音录入技术的缺点是：

① 录入文字的速度还没有传统打字的速度快；

② 语音识别的准确率还不是很好；

③ 系统响应的速度还不够快。

3. 手写录入

手写录入属于智能识别技术范畴，现在更广泛的应用是在手机文字识别方面，计算机当然也可采用此技术实现文字录入或图形录入。对于计算机而言，手写录入需要一种叫做"手写板"的录入设备，如图 1-18 所示，然后配合相应的图像处理软件或文字输入软件来识别信息。有许多汉字输入法都是支持手写录入的，比如"搜狗手写"、"逍遥笔手写"、"微软拼音"等。

图 1-18　手写板

4. OCR 字符识别录入

OCR（Optical Character Recognition，光学字符识别）技术，是指用电子设备（例如扫描仪）检查纸上打印的字符，通过检测暗、亮的模式确定其形状，然后用字符识别方法将形状翻译成计算机文字的过程。

OCR 技术从本质上来说不是文字录入技术，而是文字识别技术。其常规工作过程是：使用扫描仪将文档扫描成图片→使用 OCR 软件打开图片→进行图像倾斜校验→绘制识别区域→文字识别，生成文本→人工核对文字→保存文字，如图 1-19 所示。

OCR 技术只能识别已经印刷在纸上的打印文字。如果将纸上的打印文字重新录入计算机，OCR 技术的速度将是人工录入速度的几倍到几十倍。

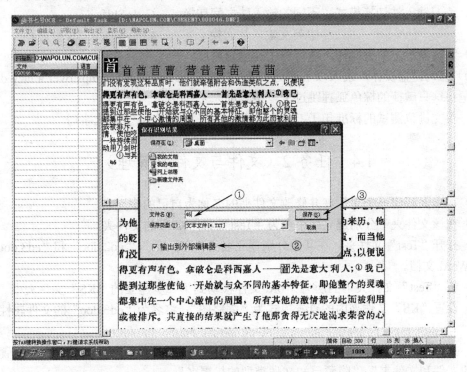

图 1-19　尚书七号 OCR 软件

市面上常见的 OCR 软件很多，比如"尚书七号"、"清华紫光"、"汉王"等，有时候购买扫描仪甚至会配送一套 OCR 软件。

掌握了以上的知识后，下面我们通过三个基础操作来了解和掌握操作系统的基本使用技术（注：操作系统以 Windows XP 为例），具体操作细节不再详细介绍，请自行练习即可。

1.3　任务 1（基础操作）

（1）鼠标右击"我的电脑"，选择"属性"→"常规"，查看本机的操作系统信息、注册信息、CPU 与内存信息。

（2）选择"计算机名"选项卡，查看本机的网络标识信息。

（3）选择"硬件"选项卡，单击"设备管理器"按钮，查看本机的全部硬件信息。

（4）鼠标右击"我的电脑"，选择"资源管理器"，熟悉标题栏、菜单栏、工具栏、地址栏、最大化按钮、最小化按钮、关闭按钮、磁盘图标、树形目录。

（5）单击"开始"菜单，选择"程序"→"附件"→"计算器"，在计算器的"查看"菜单中选择"科学型"，在十进制模式下输入数字"1000"，然后单击"二进制"单选钮，查看数字的变化。

（6）单击"开始"菜单，选择"运行"，在弹出的对话框内输入"cmd"三个字母后按回车键，查看弹出的命令窗口形式；在黑屏命令窗口中的光标闪烁处输入"Exit"后按回车键关闭命令窗口。重新单击"开始"菜单→"运行"，在运行命令窗口中再次输入"regedit"后按回车键，查看注册表编辑器信息。

（7）熟悉"开始"菜单中的各种选项作用。

（8）练习输入法切换模式：不同的输入法之间切换　　　Ctrl+Shift
　　　　　　　　　　　　　　中英文输入法切换　　　　Ctrl+Space　　（空格）

（9）练习鼠标左右键操作，练习双击速度与精度。

（10）练习键盘操作，录入以下英文字母：The quick brown fox jumps over a lazy dog.（翻译过来是：这只敏捷的棕色狐狸跳过了一条懒狗）

注：英文键位测试的标准句子，一个句子中恰好包含了 26 个英文字母

1.4　任务 2（文件与文件夹管理）

（1）在桌面新建一个文件夹并修改文件夹的名称为自己的中文名。

（2）在该文件夹下分别建立两个名为"Test"和"KS"的文件夹。

（3）打开"Test"文件夹，在其中分别建立名为"ed1.doc"、"ed2.doc"和"ed3.doc"的三个空白 Word 文档。

（4）将"Test"文件夹下的所有 Word 文件移动到第二步建立的"KS"文件夹中。

（5）设置"KS"文件夹内的查看模式为"缩略图"，将名为"ed3.doc"的文件属性设置为"隐藏"。

（6）打开"我的电脑"窗口，在"工具"菜单→"文件夹选项"→"查看"中设置"不显示隐藏的文件和文件夹"、"隐藏已知文件类型的扩展名"。

（7）选中该文件夹下的其余可见文件，全部删除到回收站，然后再从回收站中将这些文件还原到原来的位置。

（8）为名为"ed1.doc"的文件在桌面上创建一个快捷方式图标。

（9）将名为"ed2.doc"的文件属性中的"摘要"选项卡中的作者更改为"Test"。

（10）在桌面上再新建一个名为"检索图片"的文件夹。

（11）在"开始"菜单中选择"搜索"→"文件或文件夹"，查找计算机中的图片文件，在"全部或部分文件名"输入"*.jpg"，搜索磁盘选择 C 盘，文件大小范围选择"中（小于 1MB）"。

（12）将检索出的全部图片文件拷贝到桌面上新建的"检索图片"文件夹中。

（13）将"检索图片"文件夹设置为网络共享（右击→共享和安全），通过其他的局域网机器来访问此共享文件夹（网络机器名或 IP）。

注：通过 IP 地址来访问共享文件夹的方法为："开始"菜单→"运行"，在"打开"后面的输入框中输入"\\"加上想要访问的机器 IP 即可，比如共享文件夹所在机器的 IP 为 192.168.0.2，则在输入框中输入"\\192.168.0.2"回车即可。

1.5　任务 3（系统属性设置）

（1）显示属性设置。调整本机的分辨率为"1024×768"像素，颜色质量为"最高（32 位）"，"屏幕刷新频率"设置为"60 赫兹"。"主题"设置为"Windows 经典"。桌面背景图片设置为"我的文档"→"图片收藏"内任一图片，"位置"设置为"拉伸"。屏幕保护设置为"三维管道"、等待 20 分钟并预览。

（2）任务栏和"开始"菜单设置。任务栏设置为"自动隐藏"，其余默认。"开始"菜单设置为"经典"模式。

（3）语言和输入法设置。中文输入法只保留"智能 ABC"和"全拼"，其余全部删除。

（4）鼠标属性设置。设置鼠标属性"双击速度"为较快。指针方案"放大（系统方案）"。指针选项可见性设置为"显示指针踪迹"。滚轮选项"一次滚动下列行数"为 5 行。

（5）校正系统当前的日期和时间。

（6）添加或删除程序。卸载 WinRAR 压缩软件（如果不存在该软件，可用别的小软件测试）。

（7）系统服务设置。"控制面板"→"管理工具"→"服务"（或"管理工具"→"计算机管理"→"服务和应用程序"→"服务"），设置"TCP/IP NetBIOS Helper"服务的启动模式为"手动"。

（8）打印机设置（安装虚拟打印机）。"控制面板"→"打印机"→"添加打印机"→启动向导→连接到此计算机的本地打印机（不选自动检测）→端口 LPT1→厂商：惠普 HP→型号：HP LaserJet 8000 Series PCL→打印机名称：Test→默认打印机→不共享这台打印机→不打印测试页。

（9）启动 Windows 任务管理器（Ctrl+Alt+Del），查看系统进程，观察 CPU 和内存使用情况，单击"CPU"三个字母对 CPU 的使用情况进行排序；对内存使用情况进行排序观察。性能选项卡：监测 CPU 和页面文件使用情况，观察物理内存使用情况。

（10）用户账户设置。创建一个新的系统账户，账户名称"Test"，账户类型为"计算机管理员"（Admin）；为该账户创建密码为"123"，更改该账户图片为"宇航员（astronaut.bmp）"。

（11）"开始"菜单→注销当前用户→切换用户到 Test，重新登录进入系统。

1.6　计算机基本维护

本节仅介绍操作系统的常规维护技术，其余软件的维护技术将在第 6 章详细讲解，在此不再赘述。

操作系统是计算机使用的平台基础，其基本维护技术并不难，也不需要太高深的专业知识，如果用户能熟练地掌握此技术，将不需要随时担心自己的系统会"崩溃"，也可以告别系统越用越慢的"烦恼"，避免了去找"高手"求救的"麻烦"，甚至你也可能成为"高手"帮别人维护操作系统呢。

操作系统的维护技术通常包含操作系统的安装、备份/还原、清理垃圾等几个部分。

1.6.1　系统安装

操作系统的安装俗称"做系统",是很基础的维护技术。有些计算机的初学者系统管理得不好,经常会"崩溃",开始的时候都会很害怕做系统,觉得很难,而求救于别人,一两次还可以,时间长了自己都会不好意思,所以只有迎难而上,一是学会了做系统,二是学会了系统备份,这样就再也不怕系统崩溃了。而随着计算机使用经验的增加和技术水平的提高,日常维护做得好,系统就极少会出现"崩溃"的情况了,"高手"也就练成了。

系统安装的一般步骤为:准备系统安装盘→从 BIOS 设置光盘启动→从光盘启动系统安装→按安装向导指示安装系统→安装驱动程序。

下面来看详细步骤:

1. 安装操作系统

首先准备好系统安装光盘,然后按照前面所讲的方法进入 BIOS。通常设置光盘启动在"Advanced"选项中,BIOS 是按 First Boot Device(第一启动设备)、Second Boot Device(第二启动设备)这样的顺序来检测启动盘的,如果第一启动没有找到对应的设备,则查找第二、第三设备,如果所有设备均未找到,则启动失败。如想光盘启动,则设置"First Boot Device"后面的值为"CD-ROM",然后按 F10 键(Save & Exit 的快捷键)保存设置,单击字母"Y"(代表 Yes)确认后退出,记得将系统盘放入光驱,计算机将重新启动,并将从光盘引导启动(某些品牌的电脑,比如联想,会有个快速设置启动盘的功能,通常是开机的时候按 F12 键进入,比以上的设置更方便一些)。当开机画面出现如图 1-20 所示的提示时,按任意键从光盘开始启动。

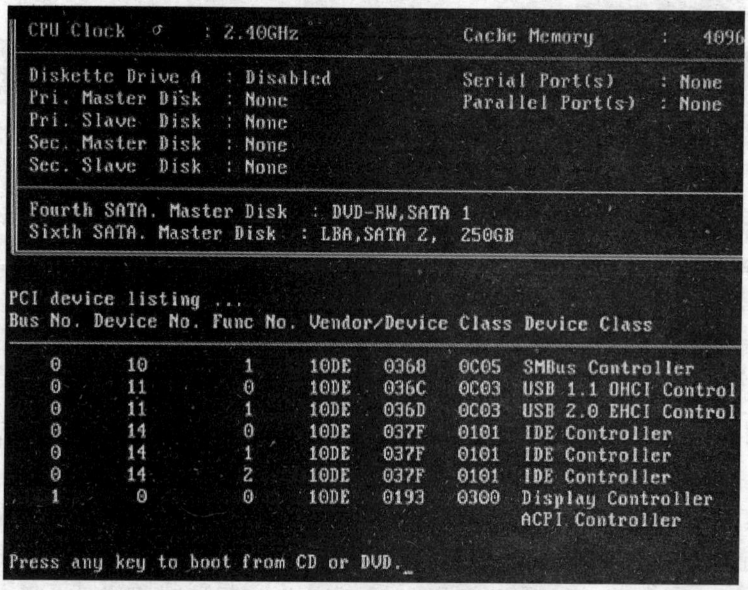

```
CPU Clock     σ    : 2.40GHz           Cache Memory      : 4096

Diskette Drive A  : Disabled           Serial Port(s)    : None
Pri. Master Disk  : None               Parallel Port(s)  : None
Pri. Slave  Disk  : None
Sec. Master Disk  : None
Sec. Slave  Disk  : None

Fourth SATA. Master Disk  : DVD-RW,SATA 1
Sixth SATA. Master Disk   : LBA,SATA 2, 250GB

PCI device listing ...
Bus No. Device No. Func No. Vendor/Device Class Device Class

     0      10        1      10DE  0368  0C05  SMBus Controller
     0      11        0      10DE  036C  0C03  USB 1.1 OHCI Control
     0      11        1      10DE  036D  0C03  USB 2.0 EHCI Control
     0      14        0      10DE  037F  0101  IDE Controller
     0      14        1      10DE  037F  0101  IDE Controller
     0      14        2      10DE  037F  0101  IDE Controller
     1       0        0      10DE  0193  0300  Display Controller
                                                ACPI Controller

Press any key to boot from CD or DVD. _
```

图 1-20　光盘启动

光盘启动成功后会自动进入安装向导,只需要按照向导的指示进行一步一步的操作就可以了。下面简要列出其中几个典型的界面,关键是要注意看向导的安装提示,根据自己系统的设置需求来设置。

如图 1-21 所示是选择安装方式，是安装还是修复。按回车开始安装。

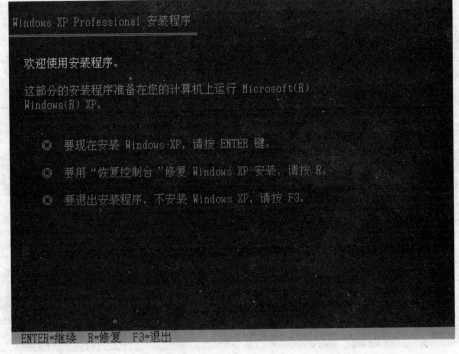

图 1-21　选择安装方式

如图 1-22 所示是选择安装磁盘分区，通常是 C 盘，如果磁盘未格式化，建议采用 NTFS 格式化。

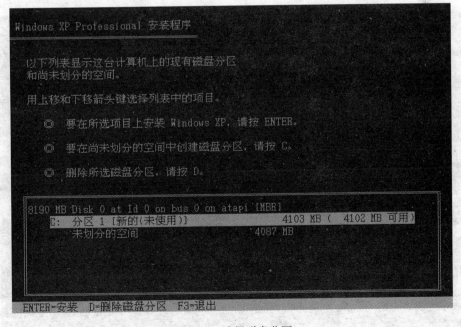

图 1-22　选择磁盘分区

8 · 信息化应用基础实践教程

如图 1-23 所示为复制安装文件到硬盘中，进行正式安装前的准备。

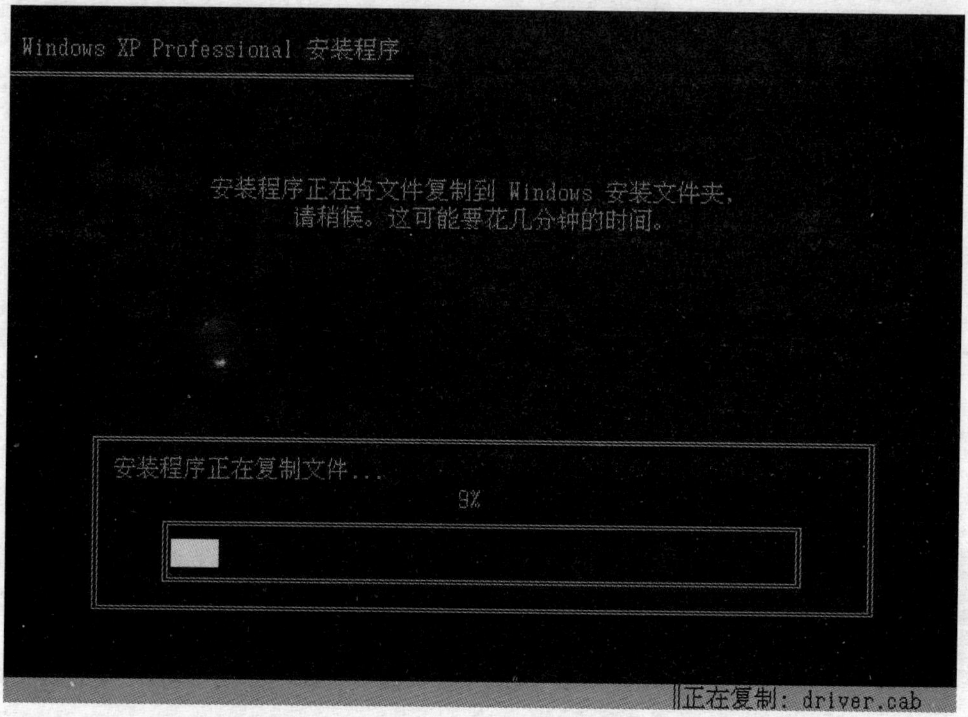

图 1-23　文件复制

文件复制完成后会提示你重启计算机，可以让它自动重启，也可以按回车重启，如图 1-24 所示（如果为了下一步操作保险，这一步可以先将光盘从光驱中取出）。

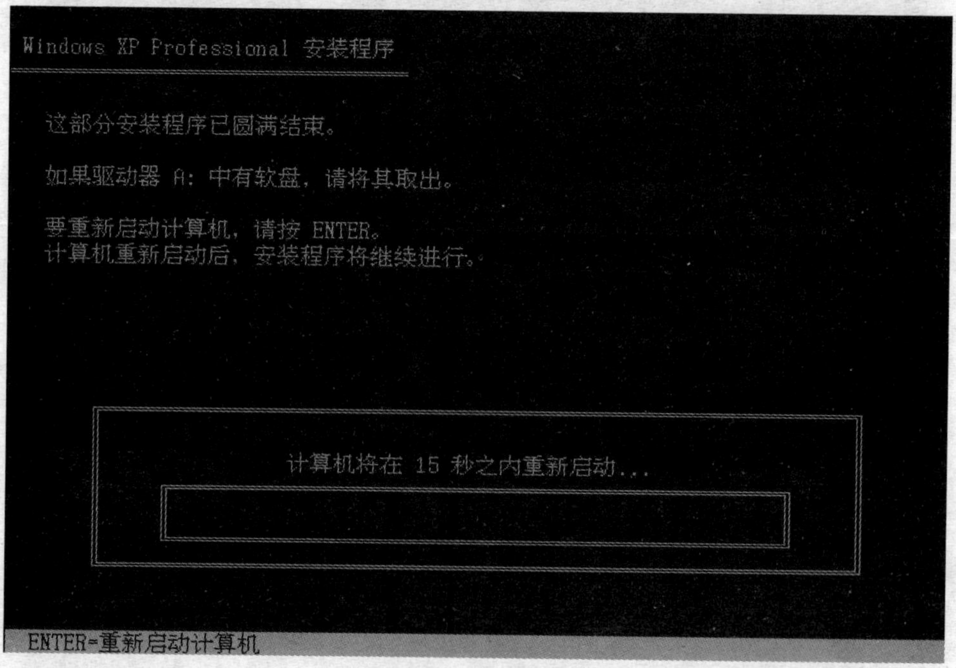

图 1-24　系统重启

　　重启后会继续出现 Press any key to continue from CD（翻译：按任意键从光驱引导）。这一步千万不要按，等它自动消失，不然就会继续重新安装，切记！等它消失后就会进入到如图 1-25 所示的界面了。

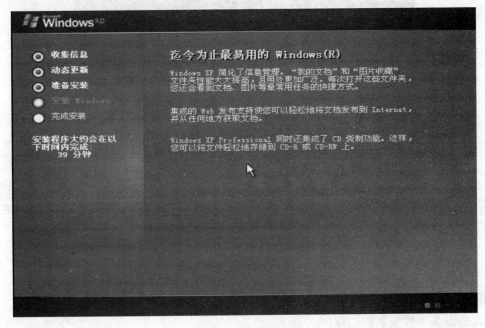

图 1-25　开始安装

　　安装过程中用户需要设置一些信息，通常有区域和语言选项、姓名和单位信息、安装序列码、计算机名、管理员密码（可选）、日期时间、网络情况（可先不设置）、组或域等，如图 1-26 所示。

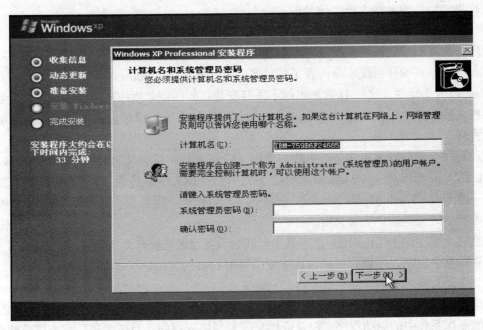

图 1-26　系统设置

最后的安装界面是删除临时文件等，如图 1-27 所示，完成后，按提示取出光盘，系统重启即可。

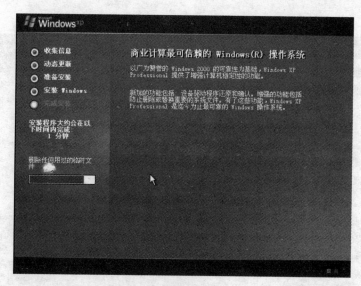

图 1-27 删除临时文件

操作系统安装完成后，需要再进行一些简单的设置工作，如果某些设备不能正常工作，则需要为这些设备单独安装驱动程序。

2. 安装驱动程序

"Device Driver"，全称为"设备驱动程序"，是一种可以使计算机和设备通信的特殊程序，可以说相当于硬件的接口，操作系统只有通过这个接口才能控制硬件设备的工作。因此，驱动程序被称为"硬件的灵魂"或"硬件的主宰"。

驱动程序一般由硬件厂商来开发，某一个型号的硬件在某一个操作系统平台上均有专门的驱动程序对应，安装的时候不可选错，否则即使安装了驱动，设备也不能正常工作。

Windows 系列操作系统本身内置了相当多的驱动程序（Windows XP 自带了几千个打印机驱动），所以有些硬件（比如 U 盘）可能不需要安装任何的驱动程序就可以工作了。但是请注意，那些在操作系统发布之后才出来的新型设备，操作系统就很难去识别了，往往要单独安装驱动程序。

驱动程序一般的安装步骤是：主板芯片组（Chipset）→显卡（GPU）→声卡（Audio）→网卡（LAN）→无线网卡（Wireless LAN）→红外线（IR）→触控板（Touchpad）→PCMCIA 控制器→读卡器（Flash Media Reader）→其他（如电视卡、摄像头、打印机等）。不按顺序安装很有可能导致某些软件安装失败。

当然这个顺序也不是绝对的，如果其中有部分设备已经被操作系统识别，可以正常工作了，就没必要再重装驱动，可以直接跳过，去安装其他设备的驱动。

（1）驱动程序的获取。

大部分的品牌电脑会随机附带几张光盘，其中会有驱动盘，里面包含了计算机主要的部件在常规的操作系统中的驱动程序。但是近年来随着网络应用的普及或者是厂家为了节约成本，可能你购买的品牌电脑一张光盘都没带，甚至连说明书都是电子档的。这时候你需要通过其他方法去获取。一种方法是品牌电脑的官方网站，里面一般会提供各种各样的驱动程序下载；另一种方法是到别的网站下载，比如驱动之家（http://www.mydrivers.com/）就是专门提供驱动下载的网站，当然也可以通过搜索引擎来查找。

　　然而获取驱动之前你必须知道硬件的具体型号，这个时候请看你电脑的硬件配置清单就一目了然了。举例来说，你当前的电脑型号是联想笔记本 Y460，通过查看硬件配置清单你知道该机的显卡是 NVIDIA GeForce GT 425M，你当前安装的操作系统是 Windows 7（32 位版本），然后你只需要到显卡制造商的网站上下载对应的 Windows 7 操作系统下的驱动程序安装就可以了。

　　（2）驱动程序的安装。

　　驱动程序获取之后接下来就是安装了，有些驱动程序可能会有 Setup.exe 安装程序，那么你直接单击该安装程序，执行安装就可以了。

　　如果没有 Setup.exe，这时候你可能需要手动来安装了。例如在 Windows XP 系统下，先进入设备管理器，方法是右击"我的电脑"→"属性"→"硬件"选项卡→"设备管理器"，如图 1-28 所示。在设备管理器中，可以看到当前计算机的全部硬件情况，如果哪个设备工作不正常或不能正确识别，则在该设备上面会出现红色的"叉"或黄色的"叹号"。不能正确识别的设备要重新安装驱动程序，方法为在该设备上面右击鼠标，在弹出的快捷菜单中选取"更新驱动程序"，如图 1-28 所示，然后会出现驱动程序安装向导界面（如图 1-29 所示），按照向导的步骤，找到对应的驱动程序文件夹，确认安装，这时候系统会自动检测驱动与设备和操作系统是否匹配（某些驱动可能没得到操作系统的官方数字签名，可不理会，继续安装），如果没问题则安装驱动。驱动安装完毕后，再根据系统提示重启计算机（很多驱动安装是不必重启机器的）就可以了。

　　一般来说，驱动程序如果不合适，不需要执行卸载，仅需要用新的驱动执行重新安装覆盖原有的驱动就可以了。

图 1-28　设备管理器

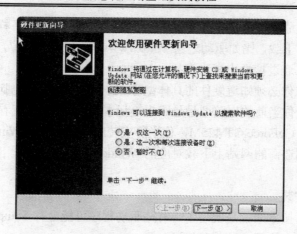

图 1-29　硬件更新向导

1.6.2　系统更新

操作系统安装完毕，驱动程序也装好了，所有的设备都工作正常，你是不是认为现在的机器就完美无缺了呢？还不是的，这时候你要赶紧给操作系统"打补丁"，否则此时直接去网上"冲浪"是非常危险的。

操作系统的更新俗称"打补丁"。那么什么是操作系统更新呢？简单来说就是任何的操作系统都是不完美的，操作系统在发布的时候，虽然经过了软件厂商无数次的严格测试，但是还是会有许多意想不到的或者是没有考虑到的情况出现，在操作系统中，这些地方被称之为"漏洞"。漏洞是指计算机操作系统（如 Windows XP）本身所存在的问题或技术缺陷，这些漏洞如果不修复，将会为用户带来极大的安全隐患，所以操作系统产品提供商通常会定期对已知漏洞发布补丁程序提供修复服务。

下面介绍系统更新的方法。

通常用户可以采用如下的方法对系统进行更新，以 Windows XP 为例，进入"控制面板"后找到"自动更新"项打开，如图 1-30 所示，将"自动"项选中，设置好周期和时间即可。当计算机联网的时候，系统会自动查看是否有新的更新，如果有，则提示用户进行下载和安装。

图 1-30　自动更新

用户需要注意的是，不是"补丁"打的越多越好，有些"补丁"可能是不必要的，也可能有些"补丁"之间会产生冲突，造成操作系统不稳定。那么我们怎么知道需要打哪些"补丁"呢？我们可以选择第三方软件来帮忙。

类似于"安全卫士360"这一类的软件会帮助非专业用户分析计算机的环境，并帮助用户选择哪些"补丁"是必需的，哪些是不需要安装的，这样会极大地减轻用户的压力，也是"打补丁"时的极佳选择，如图 1-31 所示。

图 1-31　第三方软件"漏洞"修复

1.6.3　备份/还原

当你花了很多的时间和精力，将计算机系统安装好，驱动安装好，补丁打好，应用软件也配好了，这时候才能说真正的系统安装工作做完了。然而烦恼还是有的，就是花了这么多心血做好的系统，可千万不能崩溃了。可是系统崩溃的危险是存在的，用户误操作、病毒、黑客攻击、硬件冲突等都有可能导致系统崩溃，这个时候该怎么办呢？难道还要再重头执行一遍安装工作么？确实如此，如果你没有做系统备份的工作，那么将只能再重新安装一遍系统。如果经常重装系统，就不止是系统"崩溃了"，用户的精神都快"崩溃"了。

系统备份工作简单地说就是将所有的操作系统文件及计算机配置信息制作成一个镜像文件，保存在其他磁盘分区或硬盘隐藏分区中，当计算机系统出现严重故障的时候，可快速地将操作系统还原到备份前的状态，是一种进行系统保护的理想方法。

操作系统的安装不是简单的文件复制，还包括硬件信息检测、系统配置等一系列动作，所以不能简单地将一个计算机的操作系统安装文件复制到另外一个地方，而是必须使用专门的系统备份工具来进行。

操作系统的备份方法有很多，对于个人用户，我们只简单介绍两种：一种是使用 Ghost 软件，另一种是计算机自带的备份软件。

　　Ghost（如图 1-32 所示）是在计算机系统备份方面享有鼎鼎大名的软件，全称 Symantec Ghost（克隆精灵），是美国赛门铁克公司旗下的一款出色的硬盘备份还原工具，其全部功能当然不仅仅是系统备份/还原，但是系统的备份/还原功能是这个软件最为大家熟知的功能。

　　老实说，这个软件对于计算机水平一般的人来说不是太好用，因为其界面为英文，早期版本中鼠标是不能使用的，其中还有一些计算机专业术语在里面，所以很多用户在使用的时候也不求甚解，仅按照一些教程就做了系统备份和还原。客观地说，普通用户还真的没必要全面去了解它的功能，按照教程能做系统的备份/还原也就够了。我们不会在此详细地列出这个软件的用法，仅介绍其简单功能。

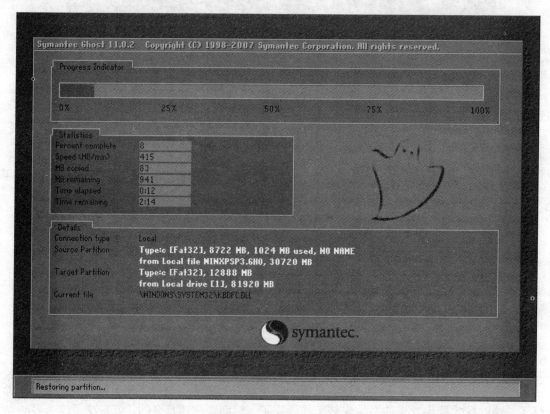

图 1-32　Ghost 系统备份

　　Ghost 软件的基本工作原理是将整个磁盘或磁盘分区，制作成一个镜像文件（文件扩展名为 gho），将该文件保存在非系统盘中，当需要进行系统还原的时候，使用 Ghost 调入镜像文件进行还原即可。因该软件进行系统备份/还原快速、稳定，而被广大计算机用户所喜爱。

　　由于许多的普通用户使用 Ghost 这一类的软件会觉得很吃力，不容易操作，所以现在的许多品牌机（尤其是笔记本电脑）在出厂的时候就预先安装了操作系统，并由厂家预先做好了系统备份，这样在用户需要系统还原的时候就可以非常方便地操作了。

　　本质上来说，厂家使用的技术与 Ghost 软件是一样的，不过为了方便用户操作，很多厂家自带的一键备份/还原系统通常只设置了两到三个按钮（如图 1-33 所示），操作极其容易。品牌电脑一般是将系统镜像文件放置在计算机硬盘的一个隐藏分区中，平时用户根本看不到，也避免了用户的误操作。

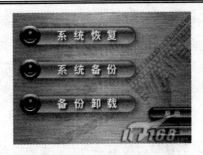

图 1-33　一键备份/还原

如图 1-32 所示为联想品牌机（笔记本）自带的一键备份/还原系统，该系统使用简单、方便快捷，用户在使用的时候单击按钮就可以了，功能一目了然。需要说明的是，每种品牌电脑进入备份/还原系统的方法是不尽相同的，一般都是在开机的时候按对应的按钮或组合键，比如联想品牌机需要在开机的时候按压电源键（Power）旁边的一个按钮。每种机器或型号进入备份/还原系统的方法要参考该机器的使用说明书。

特别提醒：

在执行系统还原之前，将电脑系统盘（包含桌面）中的个人工作资料一定要另行备份存档，否则将会被覆盖丢失，切记！

1.6.4　系统清理

计算机操作系统维护的最重要的工作是日常管理，不要以为做了系统备份就万无一失了，那是不得已才采用的办法。

本来性能非常强大的计算机系统，在有些人的手中，却是越用越慢，这就是平时的管理工作没做好。就如同汽车一样，你不能只开车而不保养。

1. 操作系统变慢的原因

操作系统需要硬件的支撑这个道理一般的用户都知道，但是如果本来性能很好的计算机却是越用越慢，这是什么原因呢？

导致计算机系统变慢的原因很多，安装的软件过多、病毒的影响、垃圾文件太多、插件过多都会产生这种现象。

病毒的影响可通过杀毒软件查杀病毒消除。

软件过多可通过设置系统启动项，将暂时不用的软件不随操作系统而启动，避免占用过多内存。

垃圾文件和插件可通过系统清理来实现。

那么什么是垃圾文件呢？

计算机系统是动态运行的，用户安装和卸载软件、打开网页、使用每一个软件、听音乐、看视频都会在计算机系统中留下一些不必要的文件，这些文件有时候并不会随着软件的退出而自动消失，这就是垃圾文件。随着计算机系统使用时间的增加，垃圾文件会越积越多，有时候数量会庞大到操作系统很难承受的地步，这些文件必须及时清理，否则就会影响机器的运行。

那所谓的插件又是什么呢？

插件是一些应用软件安装在浏览器中的小工具，都是为了用户在使用浏览器的时候能快速地调用该软件，这有些像软件派出去的"哨兵"。每个商业软件都希望争取到更多的用户使用权，所以有些软件不惜采用"流氓"手段，在用户安装它的时候会"偷偷"地将插件安装在浏览器中。如果这样的软件安装的插件多了，就会造成浏览器打开慢、上网速度慢的现象，更有甚者，有些插件会互相"打架"，使用户的使用环境变得一团糟。所以，用户需要定期将不用的插件（或流氓插件）清理掉，以提高系统响应速度。

2. 系统清理方法

了解了系统变慢的原因，我们就可以按不同的方式来清理系统了。由于不同的软件产生的垃圾所在地不同，即使是最专业的计算机用户，完全去手动清理系统也是很痛苦的事情。比如上网产生的垃圾文件通常在 cookie(Windows XP 下路径在 C:\Documents and Settings\User\Local Settings\Temporary Internet Files）里，应用程序的垃圾文件通常在 "C:\Documents and Settings\User\Application Data\"　（注：User 代表用户名）路径下的各文件夹中，这些不同的地方让普通用户真的觉得无从下手。

所以我们建议一般用户使用系统维护软件来完成系统维护工作。

系统维护软件就是为了解决普通用户系统管理的难题而开发的应用软件，这一类软件非常多，比较常见的有安全卫士 360、Windows 优化大师、超级兔子等。这类软件的功能大同小异，都能帮助用户将最常见的垃圾文件清理掉。需要说明的是，这类软件不能完全清理系统垃圾文件，因为有些垃圾文件位于系统重要位置，为了保证不会影响系统的安全稳定，通常不会处理它们。计算机"高手"们可手动去清理（也有一定风险，清理不好会造成系统崩溃），而普通用户我们还是建议系统安全更重要，最好别动它们。

下面以安全卫士 360 为例介绍最常规的清理功能。

开机加速（如图 1-34 所示）可将不常用的工具/软件停用，从而提高启动速度，减少内存占用。哪些是常用的，哪些又是不常用的，需要由用户自己去分析。

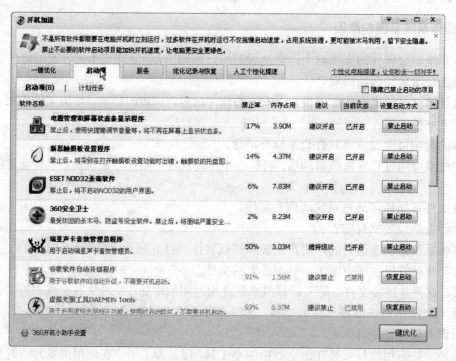

图 1-34　开机加速

　　清理插件功能（如图 1-35 所示）为用户提供搜索和建议，帮助用户将无用的或流氓插件清除。

图 1-35　清理插件

　　清理垃圾文件为最常用的功能（如图 1-36 所示），帮助用户将 Windows 系统垃圾文件、上网产生的垃圾文件、视频/音乐垃圾文件、注册表垃圾文件等清理掉。

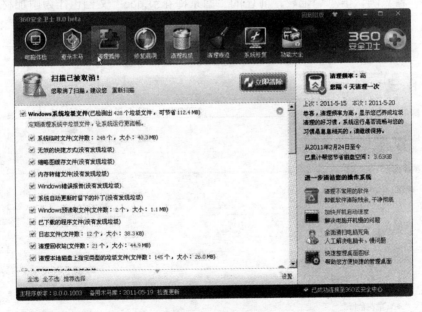

图 1-36　清理垃圾文件

　　其他的系统清理方法，请用户去自行体会，最重要的一点就是养成良好的系统维护习惯，至于使用的是什么软件倒不是很重要的事情了。

　　本章从操作系统的基础知识开始，为大家讲解了操作系统的基础知识、操作技术、系统的安装和维护等，希望能对大家在平时使用计算机的过程中提供一些有用的帮助。

第2章　文字处理

文字处理的电子化是信息化社会的标志之一，文字处理工作也是日常办公中最普通的工作内容。通常意义上的文字处理主要是指对电子化的文字进行格式化和排版，以便为后续的打印、出版、传输等相关操作提供前期处理。

凡是能够对电子化的文字进行格式化和排版的软件都可以称之为文字处理软件，符合以上定义的软件非常多，PC 中的写字板、Word、WPS，甚至是画图程序、Photoshop，手机上的短信/彩信编辑器，基于网络浏览器的谷歌文档、邮件编辑器等，均属于此列。

本章将以 Word 为载体，向读者介绍日常应用中文字处理工作的常规内容，主要包括文字格式化、段落格式化、页面设置、表格技术、图文混排、邮件合并等；全部演示过程基于一个典型的工作文档制作过程。实际上，本书就是一个典型的长文档文字处理过程，只不过是太过于庞大了，不便作为案例操作而已。

在具体操作之前，先介绍一下演示案例文档的构成情况。

本案例模拟南京市第十六届国际梅花节使用的工作文档，其虚拟场景是：一个名为“南京梅花节.doc”的文档内详细介绍了梅花节的历史传承与发展，以及本次梅花节内容的详细安排，这个文档可用于制作旅游节的宣传手册；另一个名为“邀请函.doc”的文档，用于向嘉宾发送邀请函邮件，邀请其参加梅花节开幕式活动，邀请函除了包含邀请文字之外，还附录了开幕式活动流程图、嘉宾确认信息登记表，前述的“南京梅花节.doc”文档也作为附加材料发送给拟邀请的嘉宾。其最终制作的文档效果如图 2-1 到图 2-5 所示。

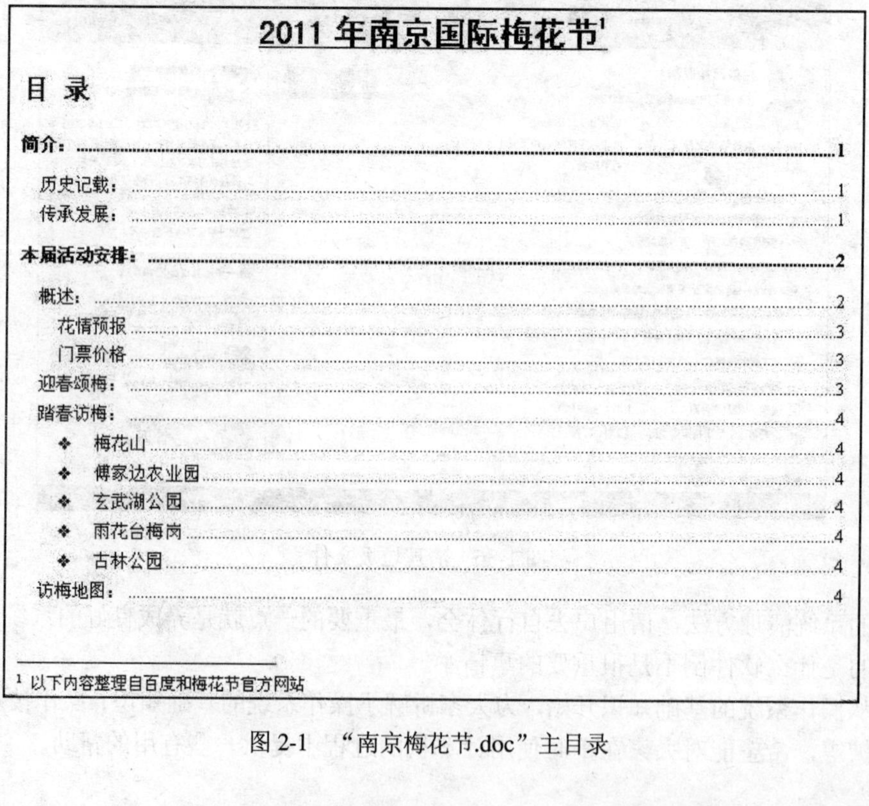
2011 年南京国际梅花节[1]

目　录

简介：......1
历史记载：......1
传承发展：......1
本届活动安排：......2
概述：......2
花情预报......3
门票价格......3
迎春颂梅：......3
踏春访梅：......4
❖ 梅花山......4
❖ 傅家边农业园......4
❖ 玄武湖公园......4
❖ 雨花台梅岗......4
❖ 古林公园......4
访梅地图：......4

[1] 以下内容整理自百度和梅花节官方网站

图 2-1　“南京梅花节.doc”主目录

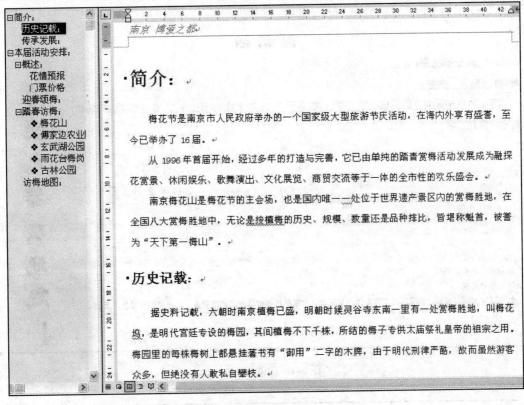

图 2-2 文档结构图与正文（1）

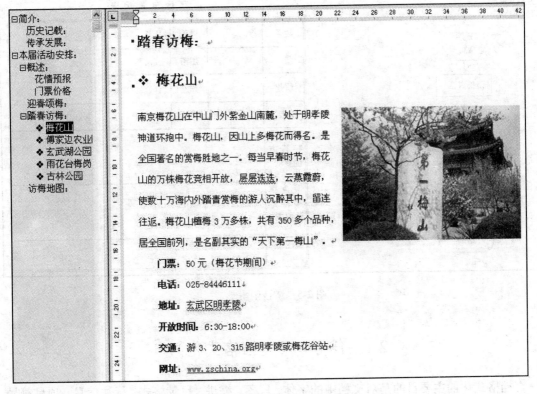

图 2-3 文档结构图与正文（2）

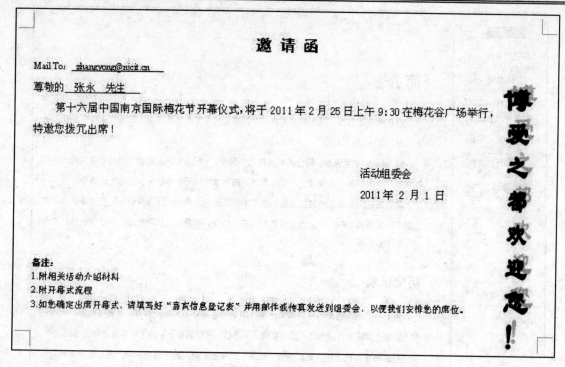

图 2-4　邀请函正文

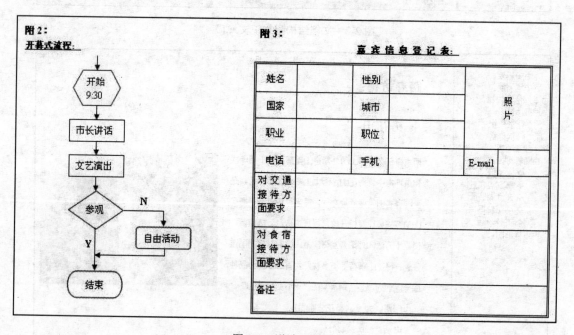

图 2-5　邀请函附录

2.1　任务 1（文档格式化）

文档格式化的主要目的是对文档中的字体、段落、缩进、目录格式、标注信息、项目符号、分隔符等进行相关的设置。

2.1.1 作品展示

本阶段将完成的作品样式如图 2-1 和图 2-2 所示。

2.1.2 任务描述

文档格式化阶段的任务为:
(1)建立长文档的整体结构。
(2)生成长文档目录。
(3)对文字进行基本格式设置。
(4)设置其他相关格式。

2.1.3 案例制作

1. 创建文档

单击"开始"菜单→"程序"→"Microsoft Office"→"Microsoft Office Word"命令,打开 Word。使用默认空白文档,再选择菜单"文件"→"另存为"命令,将文件取名"南京梅花节.doc"进行保存。

2. 建立长文档整体结构

对于一个篇幅比较长的文档,首先确定其整体目录结构是一种明智的工作方式。比如本书,如果不能一开始就建立好它的整体结构,等到书写了很多文字之后就容易出现逻辑上的混乱,从而使工作无法开展。当然,篇幅很短的文档可以不用这么严格约定。

"南京梅花节.doc"这种文档,可以作为旅游介绍性的小册子来印刷,其篇幅可以少则十几页,多则几十页,最好先考虑好它的整体结构,再建立目录,然后再编写文字内容会比较好。

首先假定我们要编写的文档,整体结构包含三个目录等级(称之为"三级结构目录"),其结构示意图如图 2-6 所示。

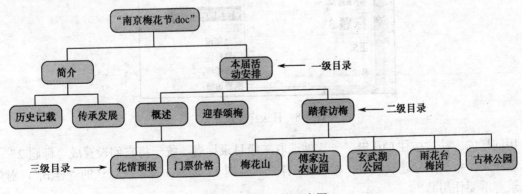

图 2-6 文档结构示意图

由图 2-6 可见,其中一级标题有 2 个,一级标题中的"本届活动安排"下含有 3 个二级标题,二级标题中又含有若干个三级子标题。

按照预先设定的文档结构,在建立好的空白文档中,先录入标题和各级目录文字,如图 2-7

所示。

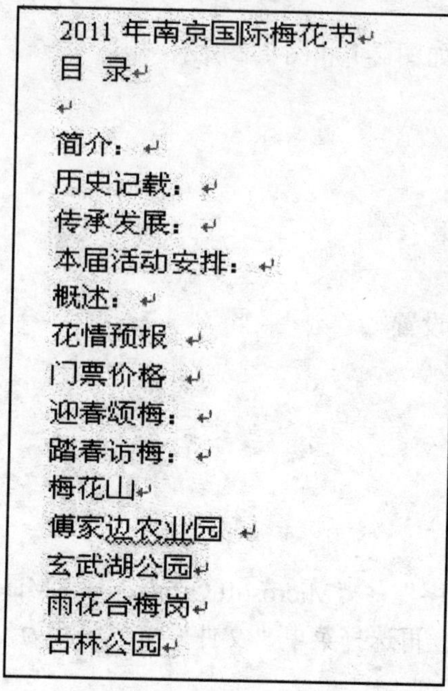

2011 年南京国际梅花节
目　录

简介：
历史记载：
传承发展：
本届活动安排：
概述：
花情预报
门票价格
迎春颂梅：
踏春访梅：
梅花山
傅家边农业园
玄武湖公园
雨花台梅岗
古林公园

图 2-7　初始目录结构

　　按住键盘上的 Ctrl 键，用鼠标连续选择一级目录文字，即"简介："和"本届活动安排："，然后选择"格式"工具栏中的"样式"下拉列表，选择其中的"标题 1"选项，如图 2-8 所示，将上述文字设置成一级标题样式。

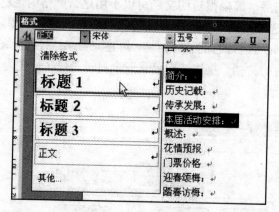

图 2-8　目录样式设置

　　用同样的方法，按住 Ctrl 键，一次性选取二级目录标题，统一将它们设置成"标题 2"二级标题样式；将三级标题设置成"标题 3"样式（标题 1、2 和 3 是系统默认的"样式"，对生成目录有重要作用）。

　　对"梅花山"、"玄武湖公园"等几个三级目录标题，还可以设置其项目符号以增加美观性，具体设置方法为，先选中对应的标题文字，然后选择菜单"格式"→"项目符号和编号"→"项目符号"选项卡进行设置，如图 2-9 所示。如对默认格式不满意，可单击"自定义"按钮自行设置。

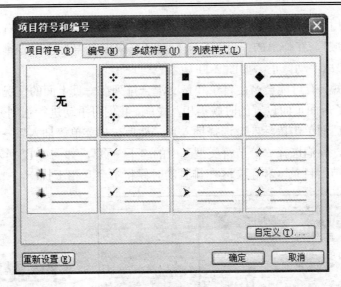

图 2-9 项目符号设置

设置好文档整体结构之后，如想观察整体效果，可选择菜单"视图"→"文档结构图"选项查看，效果如图 2-2 所示，也可利用此视图，实现在长文档结构中的跳转。

3. 生成长文档目录

文档整体结构建立后，按照系统预设的样式进行了格式化，此时就可以自动生成文档目录了。

在第二行的"目录"下面单击鼠标，选择插入点，然后选择菜单"插入"→"引用"→"索引和目录"→"目录"选项卡，如图 2-10 所示，在"格式"下拉列表中选择一种合适格式，单击"确定"按钮，即可自动生成如图 2-1 所示的目录格式。

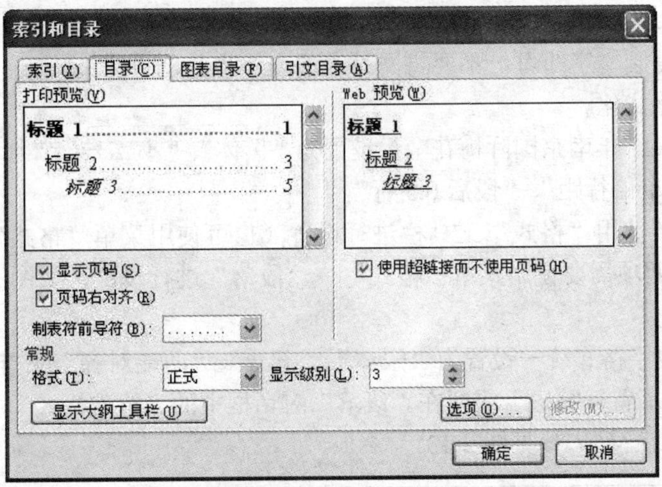

图 2-10 目录生成

如"格式"列表中没有合适的格式，可选择下拉列表中的"来自模板"项，然后单击"确定"按钮右上方的"修改"按钮，自己进行修改。

目录建立好之后，如果重新对文档整体结构进行了修改，正常情况下目录会自动更新。如果没有自动更新引用区域，可手动更新，具体方法是：在目录区单击鼠标右键，在弹出的快捷菜单中选择"更新域"，在弹出的"更新目录"对话框中根据需要进行选择，比如选择"更新整个目录"，即可完成手动修正，如图 2-11 所示。

如果目录比较短，有可能会产生目录和正文混合排列在一页上面的情况。为了使目录和正文合理区分，也为了后面页面设置的时候不相互影响，我们可手动进行强制分页。具体方法是：在目录区最后一行后面单击鼠标左键选择插入点，然后选择菜单"插入"→"分隔符"选项，在弹出的对话框中，我们选择"分节符类型"中的"下一页"，如图 2-12 所示，这样会手动将此文档强制分成两节，目录区和正文区在排版的时候将不会互相干扰。

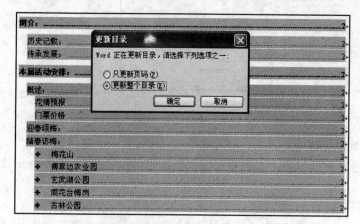

图 2-11　更新目录

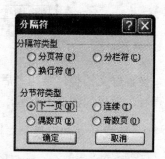

图 2-12　插入分节符

4. 文字基本格式设置

正文中各段落使用的文字，主要来自百度百科"南京国际梅花节"条目（http://baike.baidu.com/view/739126.htm）和 2011 南京国际梅花节官方网站（http://www.nju.gov.cn/zt/2011/2011_mhj/），读者从网站中复制过来即可作为素材进行练习（注意：复制的时候仅复制文字即可，不要将网站上的表格也复制过来）。

（1）标题文字格式化。

将标题文字"2011 年南京国际梅花节"设置为"黑体"、"小二号"、"加粗"、"单下画线"、"水平居中对齐"、"单倍行距"、"段后 0.5 行"。

前面各项可直接使用"格式"工具栏进行设置（也可使用菜单"格式"→"字体"），如图 2-13 所示，后面两项需要使用菜单"格式"→"段落"进行设置，如图 2-14 所示。

（2）段落格式化。

正文内各段落文字格式统一设置为"宋体"、"五号"、"两端对齐"、"首行缩进 2 字符"、"1.5 倍行距"。其中"首行缩进"需要在"段落"对话框中的"特殊格式"下拉列表中选择，度量值默认即为"2 字符"，参见图 2-13。

图 2-13　标题及格式工具栏设置

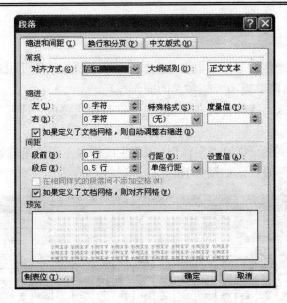

图 2-14　标题段落设置

5．其他相关设置

在写文章的时候，如果引用的内容来自别人的著作，需要进行标注说明，科研论文中常见的参考文献的使用即是如此。由于本文的内容来自网站，所以我们需要添加标注来说明一下。具体方法是：用鼠标将标题文字全部选中，然后选择菜单"插入"→"引用"→"脚注和尾注"选项，弹出对话框，如图 2-15 所示。

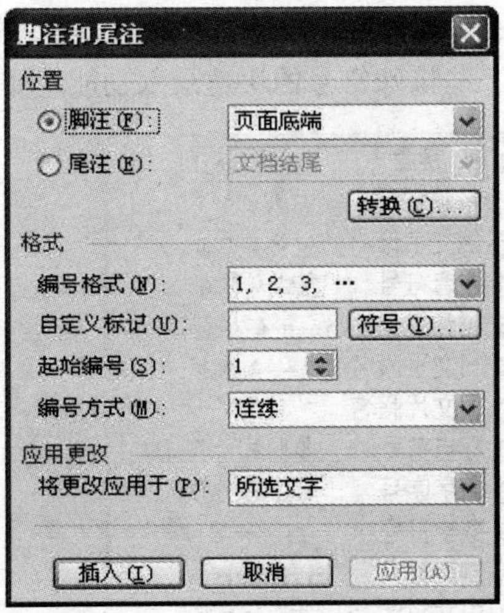

图 2-15　脚注设置

按如图 2-15 所示进行选择设置，单击"确定"按钮，即可在目录页面底端增加一个"脚注"编辑区，在编辑区内输入文字"以下内容整理自百度和梅花节官方网站"，这样就为标题添加好了标注。

至此，文档基础格式化工作设置完成，其效果如图 2-1 和图 2-2 所示。别忘记单击工具栏中的"保存"按钮来及时保存文件。

2.1.4 技术总结

基础文档格式化在操作的时候有很多基础技巧，这主要依赖于使用者进行反复的操作练习才能"熟能生巧"，下面简单提示一些常见的操作技巧。

（1）特殊符号的生成。特殊符号在 Word 中通常是使用菜单"插入"→"符号"选项来完成插入的。

在"符号"对话框中选择不同的"字体"选项可生成许多不同的图形效果，例如"Wingdings"字体可生成许多特殊图形效果，如图 2-16 所示。

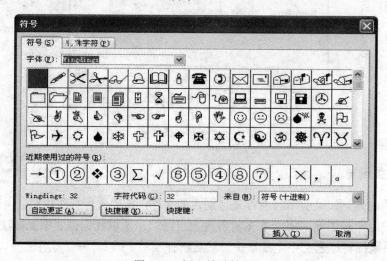

图 2-16 插入特殊符号

另一种快速输入特殊符号的方法是在中文输入法指示器的"软键盘"标志上面单击鼠标右键，许多中文输入法都提供了一些特殊符号的快速录入功能，如图 2-17 所示。

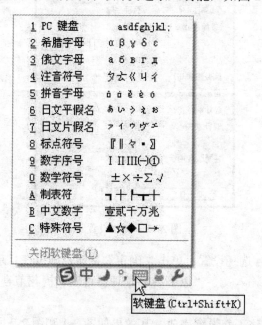

图 2-17 输入法中特殊符号的录入方法

（2）格式复制。如果有许多段落（或文字）格式均相同而分布在文档的不同位置，依次按标准方法设置起来很费工夫，此时可使用"格式刷"进行格式复制。

"格式刷"是"常用"工具栏上的那个小刷子图标，其用法有两种：单击鼠标可复制一次格式；双击鼠标可复制任意次格式，直到再次单击格式刷图标为止。

（3）Word 中有许多种视图模式，可通过"视图"菜单来选择，以方便按不同的角度来查看文档信息。最常用的视图模式是"页面视图"，这种视图的特点是"所见即所得"，也就是在此视图下看到的效果，与打印机打印的效果是一致的。

（4）快速查找和替换。使用"编辑"菜单中的查找和替换功能，能快速地在长文档中查找和替换文本信息，尤其是替换功能还能完成"替换+格式修改"，所以对长文档的文字编辑很有帮助。但是使用替换功能完成格式修改的时候一定要注意，在进行替换的字体设置之前，务必将"替换为"后面的文字再用鼠标"描"一遍，如图 2-18 所示。

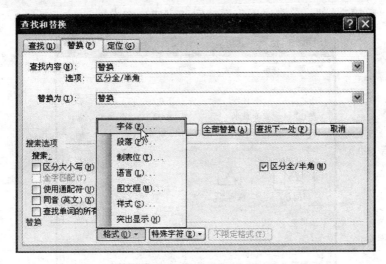

图 2-18　快速替换

（5）为文字加"圈"（形如：ⓦ），使文字带上标（形如：X^2）或下标（形如：X_2）等基础设置，均可在格式工具栏中默认隐藏的格式按钮中实现。

其他的操作技巧还有很多，在此就不一一列举了，感兴趣的读者可自行查找相关资料进行练习。

2.2　任务 2（页面格式化）

页面格式化的工作内容主要包括页面设置、页眉/页脚设置和打印效果设置三个方面。

2.2.1　作品展示

本任务的作品效果不是很好展示，能直接观察到的效果为如图 2-2 所示的"页眉"文字"*南京 博爱之都*"和如图 2-4 所示的横向排列页面效果。

2.2.2　任务描述

页面格式化阶段的任务为：

（1）设置文档的页面格式。

（2）为正文设置页眉/页脚。

（3）打印效果设置。

2.2.3　案例制作

1．页面设置

（1）设置"南京梅花节.doc"工作文档。

打开"南京梅花节.doc"工作文档，选择菜单"文件"→"页面设置"命令，在弹出的对话框中选择"纸张"选项卡，"纸张大小"选择"A4"；再选择"页边距"选项卡，如图 2-19 所示，将页边距的上、下、左、右距离均调整为 2.5 厘米；"方向"为"纵向"；"预览→应用于"选项选择"整篇文档"，单击"确定"按钮，完成页面设置。

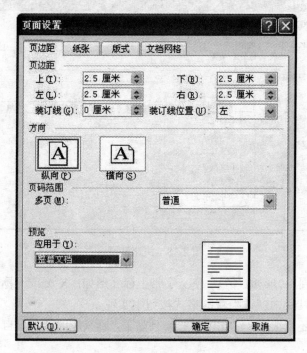

图 2-19　页面设置

（2）建立并设置"邀请函.doc"工作文档。

单击"常用"工具栏上的"新建"按钮，新建一张空白文档，另存为"邀请函.doc"，使用上述相同的操作过程，将此文档的"纸张大小"设置为"16 开"，页边距默认，"方向"为"横向"，单击"确定"按钮后重新保存文件。

2．页眉/页脚设置

页眉通常位于文档正文的上方，页脚位于文档下方，目录一般不设置页眉/页脚，有些比较长的文档（比如图书）还会分别设置奇数页/偶数页的页眉和页脚。

页眉/页脚的设置依赖于"页面设置"对话框中的"版式"选项卡和"页眉和页脚"工具栏两者相配合才能完成。

在"南京梅花节.doc"工作文档中，进入"页面设置"对话框，选择"版式"选项卡，如图 2-20 所示，按图中所示，进行设置后单击"确定"按钮。

注意：

（1）最重要的选项是"应用于本节"，这个选项必须是在前面插入"分节符"操作完成的基础上才会出现。

（2）如果选择了"奇偶页不同"，则后面需要分别设置奇数页和偶数页的页面效果。

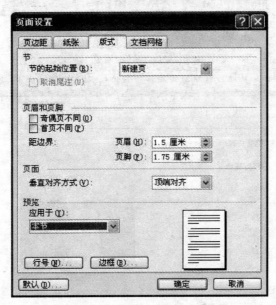

图 2-20　页面"版式"设置

版式设置好后，鼠标在正文（目录页的下一页）编辑区单击一下，然后选择菜单"视图"→"页眉和页脚"，出现"页眉和页脚"工具栏，如图 2-21 所示。首先将此工具栏从右向左数第 5 个按钮"链接到前一个"的选取状态取消（即用鼠标点一下，否则会将目录页也设置出页眉效果），然后在页眉编辑区输入文字"南京 博爱之都"，并进行相应的格式设置，即可设置好页眉。

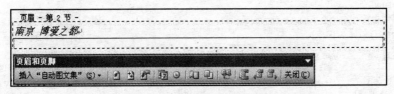

图 2-21　页眉和页脚设置

然后单击右数第 4 个按钮"在页眉和页脚间切换"，切换到页脚编辑状态，单击第一个下拉列表"插入'自动图文集'"，选择其中的"第 X 页 共 Y 页"，自动生成页码对应的序号，将页脚内容设置为右对齐，单击右侧第一个"关闭"按钮即可。

3. 打印效果设置

如果文档想用打印机打印，可在打印之前进行打印预览，查看最终设置效果是否与预期一样。在真正进行打印的时候，可通过打印设置来控制打印效果，比如页码范围、缩放比例、逐份/非逐份打印、打印份数等。

由于本文档并不进行真正的打印，我们仅简单查看一下打印效果即可。

选择"常用"工具栏上的"打印预览"按钮，进入打印预览状态，如图 2-22 所示。在此视图中，可进行多页预览、缩放操作等，如想回到正常页面状态，直接单击"关闭"按钮即可；最左端的"打印机"按钮与"常用"工具栏上的"打印"按钮作用相同，单击它会将文档的全部内容打印一遍。

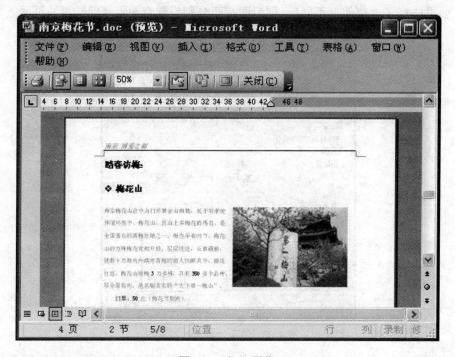

图 2-22　打印预览

真实的打印效果，要在使用打印机真正打印文档时，选择菜单"文件"→"打印"命令，在弹出的"打印"对话框中进行设置，如图 2-23 所示。

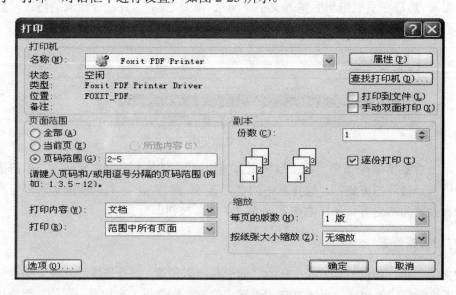

图 2-23　"打印"对话框

2.2.4 技术总结

页面设置效果中，关于"分节符"、"页眉和页脚"、"打印"效果设置，实际上是有许多花样可以变化的，但是这些丰富多彩的变化基本上都要求文档比较长才能体现出效果，有时候实际工作中也不一定要求页面设置这么苛刻，读者可在实际应用中细细体会其中的一些细微变化。

2.3 任务3（图文混排）

仅有文字的文档，无论文字编排的如何美观，都很难完美地表达信息。图形元素是非常好的表达信息的手段，具有简单直接的特点，在日常工作中有极其广泛的应用。

Word 提供的图文混排技术主要包括图片、剪贴画、艺术字、文本框和自选图形等，本任务将挑选其中的几个代表，介绍它们的使用方法。

2.3.1 作品展示

如图 2-3、图 2-4 和图 2-5 所示，分别展示了图片、艺术字和自选图形的应用效果。

2.3.2 任务描述

图文混排阶段的任务为：

（1）图片与文字混合排版。

（2）设置艺术字。

（3）绘制自选图形。

2.3.3 案例制作

1. 为正文插入图片

在前面生成正文文字的时候，我们是从网页上面复制的文本信息，读者应该能看到，网页中本来就有很多图片信息，非常地漂亮，网页也显得很生动。将图片插入文档中常用的方法是通过菜单"插入"→"图片"→"来自文件"命令，这项操作要求将图片下载到本地计算机。另一种不太规范的操作是直接从网页上复制图片，然后粘贴到 Word 文档中即可。

Word 本身是没有图片编辑功能的，使用的图片需要使用图片获取设备或绘图软件来生成，常用的图片格式有 JPG/JPEG、BMP、GIF 等。

图片插入到 Word 文档中默认的图文混排版式为"嵌入型"，这种模式要求无论多么小的图片，都会占一个完整的段落，其周边不可环绕文字，如果想文字与图片混合排列得比较紧密，可选择"四周型"效果。

调整图片格式主要使用"图片"工具栏和"设置图片格式"对话框，如图 2-24 所示，"图片"工具栏在鼠标单击图片之后会自动出现，如没有自动出现，可选择菜单"视图"→"工具栏"→"图片"命令将其调出。

在图片上双击鼠标左键会弹出"设置图片格式"对话框，如想任意调整图片的宽和高，需要在"大小"选项卡中将"锁定纵横比"选项去掉。

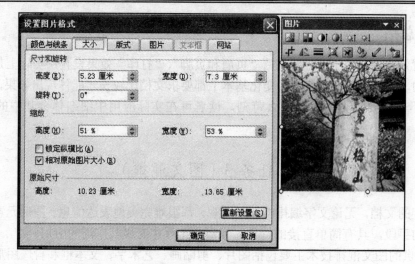

图 2-24 "设置图片格式"对话框与"图片"工具栏

本案例中，将插入正文的图片全部调整成"四周型"，用鼠标拖到对应段落的右侧，与文字对齐即可。

2. 设置艺术字

打开"邀请函.doc"文档，将其基础文字按如图 2-4 所示进行设置，其中的"Mail To："和"尊敬的"文字后面仅输入下画线，其中的内容会在任务 5 中通过邮件合并来完成。

下面我们来制作右侧的艺术字效果"博爱之都欢迎您！"。

选择菜单"插入"→"图片"→"艺术字"命令，出现"艺术字库"对话框，如图 2-25 所示，选择其中的第 1 行第 6 列纵向艺术效果，单击"确定"按钮，出现"编辑'艺术字'文字"对话框，在其中输入"博爱之都欢迎您！"，字体为"隶书"、36 号、加粗，如图 2-26 所示，单击"确定"按钮，出现艺术字效果，同时会出现"艺术字"工具栏，如图 2-27 所示。

"艺术字"工具栏与"图片"工具栏很相似，但又不完全相同。使用工具栏将艺术字形状设置成"朝鲜鼓"，如图 2-27 所示。

图 2-25 艺术字库

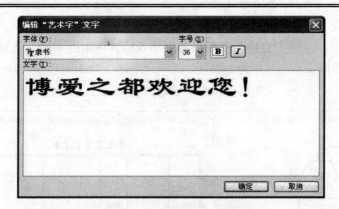

图 2-26　编辑"艺术字"文字

图 2-27　"艺术字"工具栏

为艺术字设置"阴影样式 2","阴影样式"不在"艺术字"工具栏中，而在"绘图"工具栏里面，如图 2-28 所示。通常"绘图"工具栏会位于 Word 窗口的最下面，如没有，可选择菜单"视图"→"工具栏"→"绘图"命令将其调出。至此艺术字设置完毕。

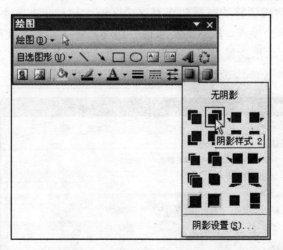

图 2-28　设置"阴影"样式

3. 绘制自选图形

图 2-5 中左侧的流程图是使用绘图功能手工绘制的，绘图主要使用"绘图"工具栏，如图 2-28 所示，常用的基础形状主要包括直线、箭头、矩形、椭圆等。

（1）绘制文本框区域。

为了能在一个横向页面上自由绘制图形和添加表格（使用回车的方法极难精确定位），我们首先绘制两个"横向文本框"作为编辑区，其中一个用于绘制流程图，另一个用来绘制表格，如图 2-29 所示。

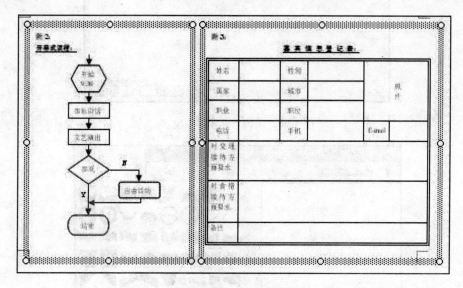

图 2-29　并排文本框使用

鼠标左键单击"绘图"工具栏中的"横向文本框"，在空白页面上绘制两个并排的比较大的矩形区域。在绘制矩形区域的时候要注意，Word 2003 中会出现一个默认的称之为"画布"的矩形区域，其中的提示文字是"在此处创建图形"，通常的建议是不要将文本框（或其他手绘图形）绘制在此区域内（不用担心，完全可以画在此区域外面），原因是一旦图形绘制在这个固定区域，在图形移动或调整的时候要连着这个区域一起动，非常不方便。

文本框绘制好后，你会发现，默认的文本框外边线是一条黑色的实线，我们需要将其修改为透明的。鼠标左键在文本框边线处双击，弹出"设置文本框格式"对话框，在"颜色与线条"选项卡中，填充色和线条颜色均设置为"无色"即可，如图 2-30 所示。

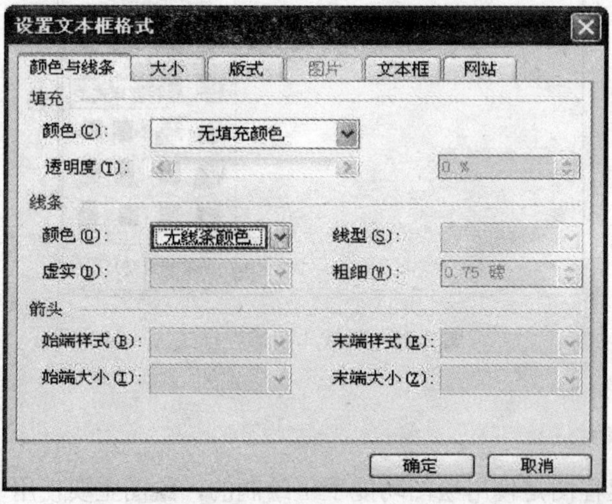

图 2-30　设置文本框格式

（2）绘制自选图形。

绘制流程图有专门的功能选项，单击"绘图"工具栏中的"自选图形"→"流程图"，即可使用其中预定义的形状来绘制了。流程图中的连接线使用直线结合箭头来完成。

绘制时候的技巧：

① 绘制"正"的形状时（正方形、正圆、正菱形等），按住键盘上的 Shift 键后用鼠标绘制。

② 图形排列不容易精确定位的时候，可先选中该图形，然后按住键盘上的 Ctrl 键后使用方向键移动。

③ 有些形状（例如梯形）仅有一个方向的形状，画反向图形的时候，先正着画，然后使用旋转功能来转向。

④ 封闭图形中添加文字的方法是，在该图形上右击鼠标，在弹出的快捷菜单中选择"添加文字"命令。

⑤ 绘制好一个较复杂的图形后，可将所有局部图形全部选中（用鼠标"圈"或按住 Shift 键一个一个选择），在图形上右击鼠标，在弹出的快捷菜单中选择"组合"→"组合"命令，即可将其结合成一个整体。反向的操作是"组合"→"取消组合"命令。

2.3.4　技术总结

图文混排技术就是在工作文档中将文字与图形相互结合排列的技术，其最大的好处就是能直观地反映很多信息，避免了文字描述的抽象性。具体选择哪一种图形类型，要由你想表述的信息本身的特征来决定。

图文混排还包括"剪贴画"、"组织结构图"、"图表"（与 Excel 中的图表一样）等其他类型，大体操作和设置方法均与上述操作类似，在此就不一一赘述了，请读者自行练习。

2.4　任务 4（表格制作）

表格技术也是文字处理中一种非常有效的表述手段，以至于 Word 专门为其设置了一个菜单项，其重要性可见一斑。

2.4.1　作品展示

本案例中的表格作品见图 2-5 右侧文本框内的表格。

2.4.2　任务描述

表格制作阶段的任务为：

（1）绘制并调整表格。

（2）表格格式化。

2.4.3　案例制作

表格的基础操作除了使用"表格"菜单外，还可使用"表格和边框"工具栏；另外，快速的操作技巧可通过在表格上单击鼠标右键来完成相关的设置。

单击相应的文本框，输入对应的标题文字并设置好格式后，开始绘制表格。

1. 绘制并调整表格

此"嘉宾信息登记表"是一个不规则的表格，我们的解决方案是先绘制一个大的规则的表格，然后来调整合并（也可使用"表格和边框"工具栏纯手工绘制）。

选择菜单"表格"→"插入"→"表格"，在对话框中设置为"6列、9行"，单击"确定"按钮生成一个6×9的规则表格，如图2-31所示；然后鼠标连续选中前三行最右侧两列上的6个单元格，在上面单击鼠标右键，在弹出的快捷菜单中选择"合并单元格"将它们合并成一个。然后在其中输入文字"照片"，右键再次单击该单元格，从弹出的快捷菜单中选择"单元格对齐方式"，在右侧的小图形列表中选择最中间的一个，其隐含名字为"中部居中"，如图2-32所示，将单元格内部的文字上下左右均居中对齐。

其余的单元格合并操作与文字添加设置，参考图2-5自行设置即可。

如有些表格确实不方便通过合并（或拆分）来完成，可手工绘制后再调整，手工绘制的时候不需要考虑行高和列宽，仅需要把相关的线条绘制好，然后再选定对应表格区，通过菜单"表格"→"自动调整"→"平均分布各行/列"（或其他选项）来自动调整。

注意：

（1）表格默认的行高与生成表格前光标处的字号有关。

（2）单击表格时，左上角有一个"十字"控制柄用来选中整个表格；右下角有个"矩形"控制柄用来对表格整体进行缩放。

（3）表格、行、列的删除均不能使用键盘上的 Delete 键完成，只能使用对应的菜单项操作。

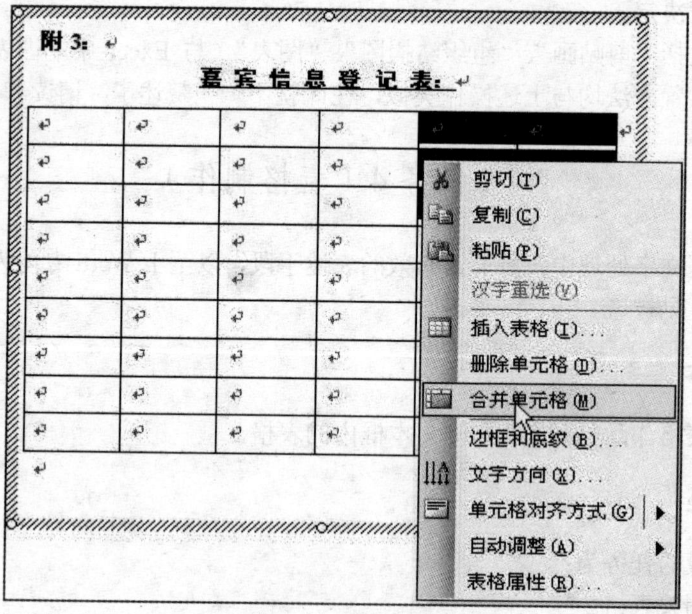

图 2-31　表格及其设置

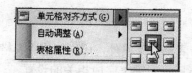

图 2-32　单元格对齐设置

2. 表格格式化

表格格式化的主要内容是对表格的边框和底纹进行设置，在选择好需要设置的表格区后，通常可采取两种手段来设置：一种是选择菜单"表格"→"表格自动套用格式"来统一设置；另外一种是选择菜单"格式"→"边框和底纹"来进行设置，如图 2-33 所示。按样如图 2-33 所示，设置好表格的外边框和内边框即可。

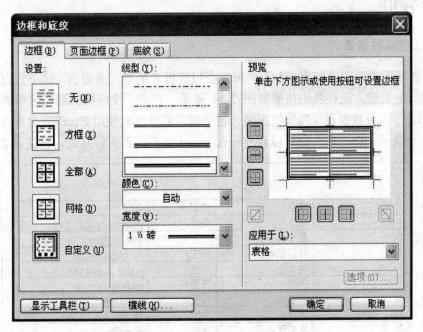

图 2-33 边框和底纹设置

2.4.4 技术总结

（1）表格的详细属性设置在菜单"表格"→"表格属性"命令中，包括文字环绕也在这里设置。

（2）菜单"表格"→"转换"命令可完成表格与"有规律排列"的文字之间的转换。

（3）表格中可插入公式和函数，但远远不如 Excel 好用，故使用不多。

（4）菜单"表格"→"绘制斜线表头"命令最好在整个表格确定不会再调整的时候再使用，否则会产生变形位移。

2.5 任务 5（数据合并）

2.5.1 作品展示

如图 2-4 和图 2-5 所示为发送给一人的邀请函，请你想象一下类似的邀请函要发送给 5 人、50 人、500 人的时候怎么处理。

这些邀请函的格式完全相同，唯一不同的就是邮件、姓名、性别信息，而这种信息通常会由对应的数据表来提供。

2.5.2 任务描述

数据合并阶段的任务为：

（1）建立虚拟数据表。

（2）实现邮件合并。

2.5.3 案例制作

1. 建立虚拟数据表

通常，需要发送邀请函的嘉宾信息，可能会以数据表的形式来提供，这个数据表可以来自于数据库或其他渠道，现在我们按照如图 2-34 所示，建立一个虚拟的嘉宾名单表，并保存为"嘉宾名单.doc"作为数据源（现实情况是，这个嘉宾名单可能使用 Excel 表会更合适，不过没关系，等下一章学完后，你完全可以建立一张 Excel 格式的嘉宾信息表，再尝试合并一次）。

序号	姓名	性别	邮件
1	张永	先生	zhangyong@njcit.cn
2	夏平	女士	xiaping@njcit.cn
3	孙仁鹏	先生	sunrp@njcit.cn
4	边长生	先生	biancs@njcit.cn
5	倪靖	先生	jingni@njcit.cn
6	乔洁	女士	qiaojie@njcit.cn
7	周霞	女士	zhouxia@njcit.cn
8	马秀芳	女士	maxf@njcit.cn
9	李红岩	女士	lihy@njcit.cn

图 2-34　嘉宾名单

注意：此文档要求表格每一列有一个标题头，表格前却不能有任何文字标题。

2. 实现邮件（数据）合并

本操作的目的是这样的：发送给 9 个（或更多）嘉宾的邀请函格式已经设计完成，并保存在"邀请函.doc"文档（这个文档称之为"主文档"）中，我们需要将如图 2-34 所示表（称之为"数据源"）中的信息按对应位置合并到主文档，从而自动生成全部邀请函，然后仅需要通过打印机完成打印即可。

这种类型的操作在生活中比比皆是，比如电费/水费缴费通知单、手机充值发票等，全是格式统一的文档，仅有姓名、金额等是不同的，这些格式化的文件在信息系统中称之为"报表"。

下面来看具体操作：

打开"邀请函.doc"文档，选择菜单"视图"→"工具栏"→"邮件合并"命令，调出"邮件"合并工具栏，如图 2-35 所示。

图 2-35　"邮件合并"工具栏

（1）单击"邮件合并"工具栏中第 1 个按钮"设置文档类型"，在弹出的对话框中选择"普通 Word 文档"，如图 2-36 所示，单击"确定"按钮。

图 2-36　主文档类型

（2）单击"邮件合并"工具栏中第 2 个按钮"打开数据源"，到对应位置选择"嘉宾名单.doc"并打开，如图 2-37 所示。

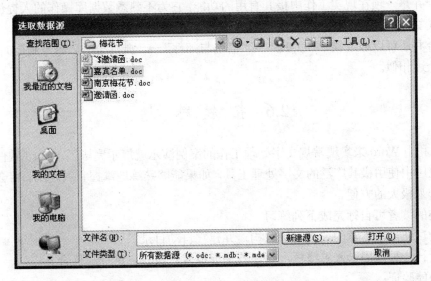

图 2-37　选取数据源

（3）鼠标左键先单击"Mail To："后面的下画线处，建立输入点，然后再单击"邮件合并"工具栏中第 6 个按钮"插入域"，在弹出的"插入合并域"对话框中选择"邮件"（其本质是"嘉宾名单.doc"中对应的列标题）项，单击"插入"按钮。

（4）重复上述过程，鼠标单击"尊敬的"后面的下画线处，建立输入点，依次将"姓名"和"性别"项插入到对应位置，如图 2-38 所示。

（5）单击"邮件合并"工具栏中倒数第 4 个按钮"合并到新文档"，按默认项单击"确定"按钮，看看新文档，是否生成了 9 组邀请函？

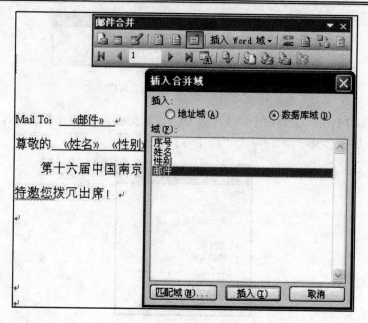

图 2-38　插入合并域

2.5.4　技术总结

邮件合并是一项在现实工作中极其有用的功能，它为不熟悉数据库操作的人提供了快速生成统一格式文档的途径，可以极大地提高工作效率。

邮件合并还可以通过菜单"工具"→"信函与邮件"→"邮件合并"命令利用向导来完成，其操作与上述相似。

2.6　拓 展 练 习

至此，利用 Word 来实现常规文字处理工作的案例演示就展示完毕了。Word 软件本身也是现实工作应用中使用极其广泛的文字处理工具，如果能够熟练地掌握它的使用，将会对你的工作和生活带来极大的方便。

感兴趣的读者可自行完成下列练习：

（1）尝试还原出本章的三级目录结构，并建立自动目录。

（2）设计一种信用卡账单模板，建立若干虚拟客户资料，进行邮件合并。

（3）功能验证：

① 验证菜单"文件"→"发送"→"Microsoft Office PowerPoint"命令的作用。

② 验证菜单"编辑"→"选择性粘贴"命令的作用。

③ 验证菜单"视图"中不同版式的作用。

④ 验证菜单"插入"中，"文件"和"对象"两个选项的作用。

⑤ 验证菜单"格式"中，"分栏"和"首字下沉"两个选项的作用。

⑥ 验证菜单"工具"→"选项"命令的作用。

⑦ 验证菜单"表格"→"绘制斜线表头"命令的作用。

⑧ 验证菜单"窗口"→"并排比较"命令的作用。

第 3 章 电子表数据处理

3.1 数据处理基础

广义概念的数据处理是指对数据的采集、存储、检索、加工、变换和传输。数据是对事实、概念或指令的一种表达形式，可由人工或自动化装置进行处理。数据的形式可以是数字、文字、图形或声音等。数据经过解释并赋予一定的意义之后，便成为信息。数据处理的基本目的是从大量的、可能是杂乱无章的、难以理解的数据中抽取并推导出对于某些特定的人们来说有价值、有意义的数据。数据处理是系统工程和自动控制的基本环节。数据处理贯穿于社会生产和社会生活的各个领域。数据处理技术的发展及其应用的广度和深度，极大地影响着人类社会发展的进程。数据处理和办公自动化是现在计算机应用最为广泛的领域。

在计算机中的数据处理离不开软件的支持，数据处理软件包括：用以书写处理程序的各种程序设计语言及其编译程序，管理数据的文件系统和数据库系统，以及各种数据处理方法的应用软件包等。

表现为独立软件形式，就有了适合不同数据类型处理的软件。比如适合数值数据计算分析的软件 MATLAB，专门进行文字处理的 Word，擅长图像处理的 Photoshop，适合大规模数据存储管理的数据库系统软件（如 SQL Server、Oracle、DB2）等。几乎很难找到一款软件能极好地完成所有数据类型的处理工作，因为那实在是太难了。

但是，数据处理又是日常办公应用中用户最常操作的功能，难道普通用户也需要学习类似于 MATLAB 和 Oracle 的操作技术么？现实告诉我们，这根本不可能，像这一类的专业软件，就是专业学计算机技术的人学习起来都很困难，更何况办公室中的普通用户呢？再进一步分析，我们又能发现，普通用户也根本不需要上述软件的高级功能，他们仅仅是进行一些常规的数据分析罢了。换句话说，就是这些专业的软件在日常办公应用中也不会给普通用户带来更大的帮助。在日常办公应用中，一般用户实际上需要的是这一类软件：首先是能分析比较多的数据种类；其次是在功能设置方面能满足复杂的办公需求；最后是使用的时候不要太专业和太难。

说起来容易做起来难，真正能符合上述要求的软件并不是那么多的。当前，在全球范围内，用于日常办公数据分析和处理的软件，最出名的就是微软公司的 Excel 了；与其功能相似的软件还包括金山公司的 WPS 表格。

Microsoft Excel 是办公自动化应用中非常重要的一款软件，很多巨型的国际企业都是依靠 Excel 进行日常数据管理。它不仅仅能够方便地处理表格和进行图形分析，其更强大的功能体现在对数据的自动处理和计算上。Excel 与 Word 一样，也是微软公司的办公软件 Microsoft Office 的组件之一，是一款电子表数据处理软件。其直观的界面、出色的计算功能和图表工具，再加上成功的市场营销，使 Excel 成为最流行的 PC 数据处理软件。从某种角度来说，Excel 可能是 Office 中最精彩的一个模块组件。

本章将以 Excel 为载体，向读者介绍日常办公应用中数据处理的常规流程，主要包括数据录入与格式化、数据计算、基础数据分析和图表技术等内容；全部演示过程基于一个典型的销售报表案例分析。

　　在各种操作之前，有必要先介绍一下这个销售报表案例的构成情况。

　　本案例是一个名为"销售报表分析.xls"的工作簿（一个 Excel 文档称之为一个"工作簿"），在工作簿内包含多张工作表用来记录数据信息。

　　这些工作表包括记录所有员工基础信息的"员工档案表"，如图 3-1 所示；三个营销部上半年的销售记录表，如图 3-2 和图 3-3 所示；员工个人月份销售详细记录表，如图 3-4 所示；以及对所有数据进行统一分析的数据分析表。

　　这一整套数据表现的是这样一种公司营业场景：该公司为化妆品销售公司，销售 10 种产品；有三个营销部，每个营销部有三名员工；数据表中是半年来的销售数据，总公司进行汇总后需要对数据进行分析，以便直观了解公司的营业情况，并以此为依据对表现出色的营业部或员工进行奖励。

　　我们将对数据的处理过程进行全面深入的了解和操作，包含数据的录入、数据的计算、排序、筛选、分类汇总、数据透视表和图表制作等全部技术。

员 工 档 案 表

编号	姓名	性别	出生日期	学历	参加工作时间	所属部门	工资标准	联系电话
00001	蓝晓琦	女	1979-2-2	本科	2000-7-1	营销1部	￥2,800	86234567
00002	赵宇明	女	1980-3-4	本科	2002-7-4	营销2部	￥2,500	58234561
00003	张梦远	女	1980-12-5	本科	2002-7-5	营销3部	￥2,000	87234569
00004	李小宁	女	1978-6-1	本科	2002-7-6	营销2部	￥2,000	58234561
00005	苏盈盈	女	1980-4-16	本科	2002-7-7	营销3部	￥2,000	87234569
00006	方晓东	男	1980-7-8	本科	2002-7-8	营销1部	￥2,500	86234567
00007	刘炫	女	1981-1-1	本科	2002-7-9	营销1部	￥2,000	86234567
00008	王娜娜	女	1979-12-25	本科	2001-9-9	营销3部	￥2,600	87234569
00009	刘红	女	1981-3-29	本科	2002-7-4	营销2部	￥2,000	58234561

图 3-1　员工档案表

营销1部上半年销售数据				营销2部上半年销售数据			
销售部门	销售人员	销售日期	销售额	销售部门	销售人员	销售日期	销售额
营销1部	方晓东	2010年6月	￥25,854.72	营销2部	赵宇明	2010年4月	￥3,482.50
营销1部	蓝晓琦	2010年2月	￥13,929.19	营销2部	刘红	2010年5月	￥18,674.38
营销1部	蓝晓琦	2010年6月	￥19,396.03	营销2部	李小宁	2010年1月	￥18,093.96
营销1部	蓝晓琦	2010年4月	￥35,656.39	营销2部	刘红	2010年3月	￥14,654.62
营销1部	刘炫	2010年5月	￥4,922.43	营销2部	李小宁	2010年6月	￥8,362.02
营销1部	刘炫	2010年3月	￥6,509.13	营销2部	李小宁	2010年4月	￥2,765.30
营销1部	方晓东	2010年4月	￥17,036.50	营销2部	刘红	2010年6月	￥4,388.10
营销1部	蓝晓琦	2010年5月	￥5,401.05	营销2部	李小宁	2010年3月	￥10,569.34
营销1部	刘炫	2010年6月	￥11,579.95	营销2部	赵宇明	2010年5月	￥5,404.17
营销1部	方晓东	2010年1月	￥20,628.45	营销2部	赵宇明	2010年2月	￥8,157.90
营销1部	方晓东	2010年3月	￥4,850.14	营销2部	刘红	2010年2月	￥3,061.90
营销1部	刘炫	2010年1月	￥6,870.00	营销2部	赵宇明	2010年6月	￥3,569.58
营销1部	蓝晓琦	2010年3月	￥6,853.36	营销2部	李小宁	2010年2月	￥555.60
营销1部	刘炫	2010年2月	￥22,243.03	营销2部	赵宇明	2010年3月	￥14,180.45
营销1部	蓝晓琦	2010年1月	￥7,690.67	营销2部	刘红	2010年1月	￥873.54
营销1部	方晓东	2010年2月	￥9,816.52	营销2部	赵宇明	2010年1月	￥37,052.17
营销1部	刘炫	2010年4月	￥15,965.75	营销2部	李小宁	2010年5月	￥10,281.55
营销1部	方晓东	2010年5月	￥19,712.83	营销2部	刘红	2010年4月	￥1,922.32

图 3-2　营销 1 部和 2 部上半年销售记录

营销3部上半年销售数据

销售部门	销售人员	销售日期	销售额
营销3部	苏盈盈	2010年5月	￥5,697.50
营销3部	张梦远	2010年4月	￥7,272.25
营销3部	苏盈盈	2010年6月	￥9,941.04
营销3部	苏盈盈	2010年3月	￥7,495.36
营销3部	张梦远	2010年1月	￥19,697.89
营销3部	张梦远	2010年5月	￥10,325.11
营销3部	王娜娜	2010年5月	￥13,541.50
营销3部	张梦远	2010年3月	￥4,385.33
营销3部	王娜娜	2010年1月	￥13,119.54
营销3部	王娜娜	2010年6月	￥7,182.73
营销3部	苏盈盈	2010年1月	￥4,840.18
营销3部	王娜娜	2010年4月	￥7,655.60
营销3部	王娜娜	2010年2月	￥2,076.20
营销3部	张梦远	2010年6月	￥20,087.67
营销3部	张梦远	2010年2月	￥15,348.80
营销3部	苏盈盈	2010年2月	￥8,484.39
营销3部	王娜娜	2010年3月	￥10,977.98
营销3部	苏盈盈	2010年4月	￥12,075.71

求和项:销售额　销售人员

销售日期	苏盈盈	王娜娜	张梦远	总计
2010年1月	4840.18	13119.54	19697.89	37657.61
2010年2月	8484.39	2076.2	15348.8	25909.39
2010年3月	7495.36	10977.98	4385.33	22858.67
2010年4月	12075.71	7655.6	7272.25	27003.56
2010年5月	5697.5	13541.5	10325.11	29564.11
2010年6月	9941.04	7182.73	20087.67	37211.44
总计	48534.18	54553.55	77117.05	180204.78

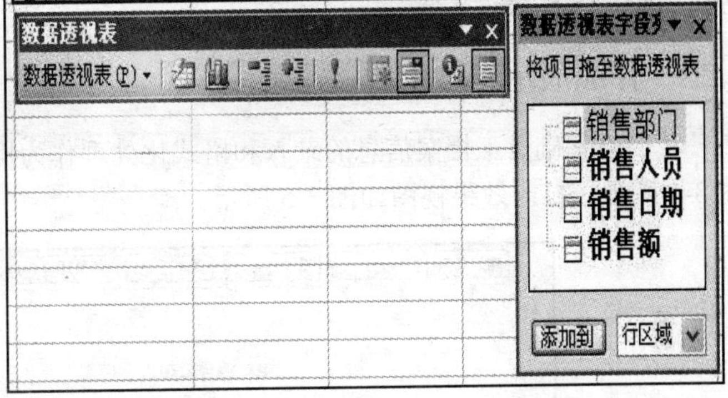

数据透视表
数据透视表(P)▼

数据透视表字段列 ▼ ×
将项目拖至数据透视表
销售部门
销售人员
销售日期
销售额

添加到　行区域 ▼

图 3-3　营销 3 部上半年销售数据及数据透视表

个人销售记录（详细）

员工：
00007 刘炫
（营销1部）
1月份销售记录

序号	产品名称	品牌	产品图片	规格	价格	销售数量	销售金额
1	妍白眼部紧肤膜	贝佳斯		40ml	￥280	5	￥1,400
2	兰蔻葡萄清新水质凝露	兰蔻		40ml	￥388	3	￥1,164
3	活肤修复霜（平衡型）	兰芝		50ml	￥210	2	￥420
4	完美净白透白亮泽化妆露	欧来雅		200ML	￥120	8	￥960
5	资生堂柔和防晒露SPF8	资生堂		150ml	￥238	2	￥476
8	米斯佛陀护肤散粉	SKII		30g	￥445	2	￥890
9	Brit风格男士香水	巴保莉		30ml	￥288	0	￥0
10	灯火辉煌女士香水	lanvin		30ML	￥260	6	￥1,560

图 3-4　个人销售详细记录表

了解了以上内容之后，下面我们开始动手操作。

3.2　任务 1（数据录入与格式化）

数据录入是最基本的技术，在 Excel 中数据的录入有许多技巧。

Excel 的文档格式化的基本作用与 Word 的格式化类似，也是为了使数据表的内容更加规范和美观，方便用户查看和打印。

Excel 工作表格式化的主要内容包括单元格格式化、条件格式使用、页眉/页脚设置、打印效果设置、工作表设置等。

3.2.1　作品展示

我们以基础员工档案信息的录入和格式化处理作为操作案例，在普通视图下的数据情况如图 3-1 所示；打印效果视图如图 3-5 所示。

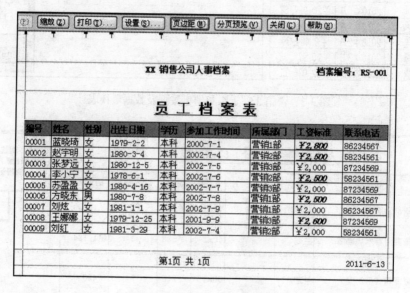

图 3-5　员工档案表打印预览

3.2.2　任务描述

为了达到上述效果，我们需要完成如下任务：

（1）按如图 3-1 所示录入基础数据。

（2）对单元格区域进行格式设置。

（3）设置条件格式。

（4）设置页眉/页脚。

（5）打印效果设置。

3.2.3　案例制作

1. 创建文档

单击"开始"菜单→"程序"→"Microsoft　Office"→"Microsoft　Office　Excel"命

令，打开 Excel。使用默认空白文档，再选择菜单"文件"→"另存为"命令，将名取文件"销售报表分析.xls"进行保存。

2. 基础数据录入

按如图 3-1 所示录入基础数据，数据录入后的样式如图 3-6 所示。注意标题头"员工档案表"这几个字先录入 A1 单元格内；"编号"列中，类似"00001"这种格式 Excel 会自动将其前面的"0"去掉，直接录入是不能成功的，解决方案是先在该单元格内输入一个英文输入状态下的"'"，然后再录入就可以了。

另外，录入"00001"以后，剩下的"00002"等有明显规律的字符通常就不再需要人工手动录入了，可以在"00001"所在单元格的右下角单击鼠标左键并压住不放，向下拖动鼠标到合适的地方放开鼠标左键即可，如图 3-7 所示。如果所有的编号均相同（比如全部都是00001），则改用鼠标右键压住向下拖，松开鼠标后，在弹出的快捷菜单中选择"复制单元格"即可。

	A	B	C	D	E	F	G	H	I
1	员工档案表								
2	编号	姓名	性别	出生日期	学历	参加工作时间	所属部门	工资标准	联系电话
3	00001	蓝晓琦	女	1979-2-2	本科	2000-7-1	营销1部	2800	86234567
4	00002	赵宇明	女	1980-3-4	本科	2002-7-4	营销2部	2500	58234561
5	00003	张梦远	女	1980-12-5	本科	2002-7-5	营销3部	2000	87234569
6	00004	李小宁	女	1978-6-1	本科	2002-7-6	营销2部	2500	58234561
7	00005	苏盈盈	女	1980-4-16	本科	2002-7-7	营销3部	2000	87234569
8	00006	方晓东	男	1980-7-8	本科	2002-7-8	营销1部	2500	86234567
9	00007	刘炫	女	1981-1-1	本科	2002-7-9	营销1部	2000	86234567
10	00008	王娜娜	女	1979-12-25	本科	2001-9-9	营销3部	2600	87234569
11	00009	刘红	女	1981-3-29	本科	2002-7-4	营销2部	2000	58234561

图 3-6　员工档案表初始状态

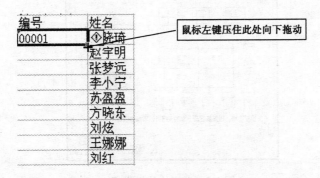

图 3-7　用鼠标左键自动生成序列

3. 单元格格式化

（1）表格标题。鼠标选中 A1 至 I1 的连续区域（表示为 A1:I1），即所有列最上边的那个空行，再选择菜单"格式"→"单元格"→"对齐"选项卡，在选项中设置：水平居中、垂直居中，"文本控制"为"合并单元格"，如图 3-8 所示，单击"确定"按钮后，我们会发现所选的全部单元格最终合并成了一个。

将标题字体设置为：黑体、20 号、加粗、加单下画线。

选中标题所在行，选择菜单"格式"→"行"→"行高"命令，设置"行高"为 40。

（2）列标题。鼠标选中列标题所在区域（A2:I2），设置列标题字体：宋体、12 号、加粗、左对齐、所在行的行高为 20。再选择菜单"格式"→"单元格"→"图案"选项卡，将单元格底纹颜色设置为灰色。

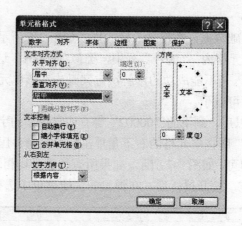

图 3-8　单元格合并与对齐设置

（3）数据区。列宽调整：选中 A 列至 I 列的全部区域（鼠标左键单击 A 列头，压住不放，拖动至 I 列），选择菜单"格式"→"列"→"最适合的列宽"命令，将所有列调整到合适宽度。

边框设置：选中数据区域 A2:I11，选择菜单"格式"→"单元格"→"边框"选项卡，"预置"项目中分别单击"外边框"、"内部"按钮，单击"确定"按钮，如图 3-9 所示，为数据区所有表格加外部默认边线（如不手动添加，在打印状态则是空白边框）。

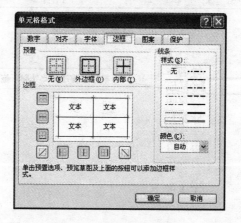

图 3-9　单元格边框设置

数字格式化：选中数据区域 H3:H11，即"工资标准"列中的数值数据，选择菜单"格式"→"单元格"→"数字"选项卡，在"分类"项中选择"货币"，"小数位数"为 0，其余默认，单击"确定"按钮，将数据转化为货币格式，如图 3-10 所示。

条件格式：再次选中数据区域 H3:H11，即"工资标准"列中的数值数据，选择菜单"格式"→"条件格式"选项，进行条件格式设置。条件格式的作用是将符合某种条件的数据以特殊的形式显示，方便用户查看。在"条件格式"对话框中设置条件格式为：单元格数值→大于或等于→2500→格式：加粗、倾斜、单下画线，如图 3-11 所示。单击"确定"按钮。

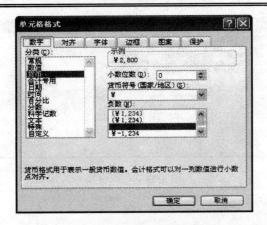

图 3-10 单元格数字格式设置

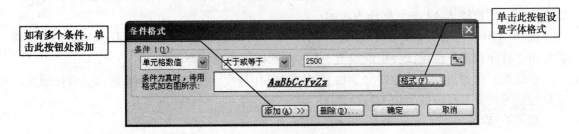

图 3-11 条件格式设置

4. 页眉/页脚设置

在 Excel 中,页眉和页脚的设置比 Word 中要麻烦一些。页眉设置:选择菜单"视图"→"页眉和页脚"→"页眉/页脚"选项卡。单击"自定义页眉"按钮,在弹出的对话框中,按如图 3-12 所示在对应的位置输入文字,单击"确定"按钮。

图 3-12 页眉设置

页脚设置:用同样的方法,单击"自定义页脚"按钮,弹出对话框,如图 3-13 所示。中间的一排按钮从左往右依次为:设置字体、插入页码、插入总页数、插入日期、插入时间、插入路径及文件信息、插入文件信息、插入标签名、插入图片。需要注意的是,这些插入的信息不会自动生成匹配文字,需要我们手动添加。比如在中间位置,先输入"第"字,再插入页码,再输入"页"字,则在页脚处才能生成"第 X 页"的格式,其余以此类推。

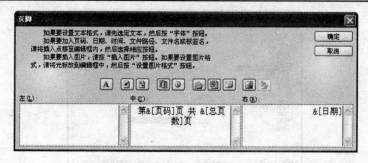

图 3-13　页脚设置

5. 打印设置

Excel 的打印设置也与 Word 有比较大的区别。在 Excel 中需要将打印的区域手动选择好，如不选择，则自动从 A1 单元格作为起始点。

选择 A1:I11 全部区域，执行菜单"文件"→"打印区域"→"设置打印区域"命令，然后单击"打印预览"按钮，会生成如图 3-5 所示的打印预览状态。

在此处，可通过相关按钮，分别设置纸型、打印精度、页边距、横向/纵向、打印模式、分页预览等所有与打印效果相关的设置。

相关的技巧：

（1）页边距可通过鼠标拖动来人工调整，与原始数据表格式无关。

（2）如果是多页打印，想在每一页上面都显示列标题或行标题，可通过"页面设置"→"工作表"选项卡→"打印标题"中的"顶端标题行"或"左端标题列"来设置，如图 3-14 所示。

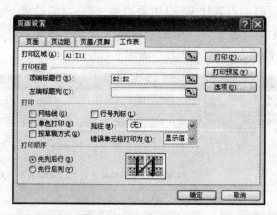

图 3-14　打印选项设置

至此，常规的数据录入和格式设置操作完毕。再次选择菜单"格式"→"工作表"→"重命名"命令，将工作表的名字修改为"员工档案表"，单击"保存"按钮保存文件。

使用类似的技术，按如图 3-2、图 3-3 和图 3-4 所示，分别录入 3 个营销部的销售数据和个人销售详细信息，并进行格式化设置。注意：

① 如果默认的工作表数量不够了，可以选择菜单"插入"→"工作表"来添加新的工作表。

② 图 3-3 中，仅需录入左侧的基础数据，右边的数据分析我们在后面会介绍如何设置。

③ 图 3-4 中的小图片需要自行准备，通过菜单"插入"→"图片"来添加。

④ 图 3-4 中右上角显示的内容是"批注"，可通过菜单"插入"→"批注"来生成。生成后可右键单击批注来编辑或删除它。批注为内容的注解，在打印时通常不显示。

3.2.4　技术总结

Excel 的基本操作有相当多的技巧，如果能熟练掌握并使用，可以使你的操作既快速又美观。现将常规的操作技术总结如下：

（1）移动单元格：选定目标单元格区域，将鼠标移到单元格区域的边缘，直接拖动。

（2）复制单元格：选定目标单元格，将鼠标移到单元格区域的边框，按住 Ctrl 键拖动至目标区域。

（3）设定最合适的行高/列宽：鼠标双击该列列标题的右边界，可以设置为"最适合的列宽"；双击某行行标题的下边界，可将此行设置为"最适合的行高"。

（4）在单元格内部进行数据换行输入：可以使用 Alt+Enter 来实现。

（5）快速编辑单元格内部的数据：可直接在单元格上双击鼠标左键。

（6）快速填充：用鼠标拖动填充柄经过需要填充数据的单元格，然后释放鼠标按键。

如果要按升序排列，则从上到下或从左到右填充。如果要降序排列，则从下到上或从右到左填充。

数字填充时递增的方法：一种方法是按着 Ctrl 键拖动填充柄；另一种方法是输两个数（比如 A1 里输入 1，A2 里输入 2），同时选中这两个单元格（A1:A2），再拖动填充柄。

使用鼠标右键拖动填充柄时，则会出现对话框提醒是要复制单元格还是填充单元格。

序列生成：Excel 中不仅能快速生成数值型序列，还能快速生成一些其他的序列。选择菜单"工具"→"选项"→"自定义序列"选项卡，你就可看到 Excel 默认能识别的序列了，如图 3-15 所示。如果这些序列还不能满足你的需求，可以使用自定义序列功能来自行定义。

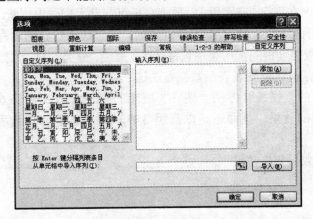

图 3-15　自定义序列

数据限制：Excel 中单元格内可以输入各种类型的数据，但数据的使用并不是没有任何限制的。Excel 中通常限制如下：

输入的文本型数据最多大约 32000 个字，数值型数据转换成文本型，需在数据前面加"'"。

数值型数据如想输入分数，可先输入"0"，再输入"空格"，再输入数据，例如 0 1/8；常规的数值型数据显示为整数或小数模式，但是一旦数值数据的长度超过了 11 位，将会自动转换成科学计数法模式。

时间日期型数据是被当做数值数据进行处理的。

有效性检查：如果想输入数据的时候少犯错误，可使用"有效性"检查来提高正确率，方法是先选择要录入数据的区域，然后选择菜单"数据"→"有效性"命令，在弹出的有效性检查对话框进行设置，如图 3-16 所示。

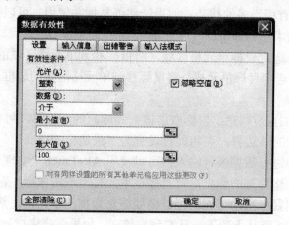

图 3-16　数据有效性检查

3.3　任务 2（数据分析）

数据分析是指用适当的统计方法对收集来的大量资料进行分析，以求最大化地开发数据资料的功能，发挥数据的作用。

数据分析的目的是把隐没在一大批看来杂乱无章的数据中的信息集中、萃取和提炼出来，以找出所研究对象的内在规律。在实用中，数据分析可帮助人们做出判断，以便采取适当行动。数据分析是有组织、有目的地收集数据、分析数据，使之成为信息的过程。

通过 Excel 实现数据分析的常用类别包括排序、筛选、分类汇总、数据透视图等统计方法，公式和函数等计算方法，以及图表表示数据方法这三类。

本节先展示常用的数据统计方法。图 3-3 展示的就是营销 3 部前 6 个月的销售数据经过数据透视表分析后的效果。下面还是以营销 3 部的数据为例，向读者介绍常用的统计分析方法。

先来看制作好的数据分析效果。

3.3.1　作品展示

如图 3-17 所示为营销 3 部前 6 个月的销售数据，按"销售人员"为第一关键字升序、"销售日期"为第二关键字升序进行排序后的效果。

如图 3-18 所示为营销 3 部前 6 个月的销售数据，使用自定义"自动筛选"，仅显示 6 月份数据的效果。

如图 3-19 所示为营销 3 部前 6 个月的销售数据，以"销售人员"为分类字段，汇总项为"销售额"，汇总方式为"求和"，进行分类汇总后得到的效果。

营销3部上半年销售数据			
销售部门	销售人员	销售日期	销售额
营销3部	苏盈盈	2010年1月	￥4,840.18
营销3部	苏盈盈	2010年2月	￥8,484.39
营销3部	苏盈盈	2010年3月	￥7,495.36
营销3部	苏盈盈	2010年4月	￥12,075.71
营销3部	苏盈盈	2010年5月	￥5,697.50
营销3部	苏盈盈	2010年6月	￥9,941.04
营销3部	王娜娜	2010年1月	￥13,119.54
营销3部	王娜娜	2010年2月	￥2,076.20
营销3部	王娜娜	2010年3月	￥10,977.98
营销3部	王娜娜	2010年4月	￥7,655.60
营销3部	王娜娜	2010年5月	￥13,541.50
营销3部	王娜娜	2010年6月	￥7,182.73
营销3部	张梦远	2010年1月	￥19,697.89
营销3部	张梦远	2010年2月	￥15,348.80
营销3部	张梦远	2010年3月	￥4,385.33
营销3部	张梦远	2010年4月	￥7,272.25
营销3部	张梦远	2010年5月	￥10,325.11
营销3部	张梦远	2010年6月	￥20,087.67

图 3-17　以"销售人员"为主关键字的排序

营销3部上半年销售数据			
销售部门	销售人员	销售日期	销售额
营销3部	苏盈盈	2010年6月	￥9,941.04
营销3部	王娜娜	2010年6月	￥7,182.73
营销3部	张梦远	2010年6月	￥20,087.67

图 3-18　只显示 6 月份的数据筛选效果

		A	B	C	D
1		营销3部上半年销售数据			
2		销售部门	销售人员	销售日期	销售额
3		营销3部	苏盈盈	2010年1月	￥4,840.18
4		营销3部	苏盈盈	2010年2月	￥8,484.39
5		营销3部	苏盈盈	2010年3月	￥7,495.36
6		营销3部	苏盈盈	2010年4月	￥12,075.71
7		营销3部	苏盈盈	2010年5月	￥5,697.50
8		营销3部	苏盈盈	2010年6月	￥9,941.04
9			苏盈盈 汇总		￥48,534.18
10		营销3部	王娜娜	2010年1月	￥13,119.54
11		营销3部	王娜娜	2010年2月	￥2,076.20
12		营销3部	王娜娜	2010年3月	￥10,977.98
13		营销3部	王娜娜	2010年4月	￥7,655.60
14		营销3部	王娜娜	2010年5月	￥13,541.50
15		营销3部	王娜娜	2010年6月	￥7,182.73
16			王娜娜 汇总		￥54,553.55
17		营销3部	张梦远	2010年1月	￥19,697.89
18		营销3部	张梦远	2010年2月	￥15,348.80
19		营销3部	张梦远	2010年3月	￥4,385.33
20		营销3部	张梦远	2010年4月	￥7,272.25
21		营销3部	张梦远	2010年5月	￥10,325.11
22		营销3部	张梦远	2010年6月	￥20,087.67
23			张梦远 汇总		￥77,117.05
24			总计		￥180,204.78

图 3-19　以"销售人员"为主字段进行的销售额总分类汇总

3.3.2　任务描述

为了实现以上数据分析效果，我们需要完成如下任务：

（1）对营销 3 部的数据进行排序操作。

（2）对营销 3 部的数据进行数据筛选操作。

（3）对营销 3 部的数据进行分类汇总操作。

（4）使用营销 3 部的数据生成数据透视表。

3.3.3　案例制作

1．排序操作

排序操作是通过改变数据的位置，将无序数据改变成有序的数据；序列有两种，分为升序和降序。

打开"销售报表分析.xls"文档，单击"营销 3 部"工作表标签，数据初始状态如图 3-3 所示。鼠标在数据区的任一单元格单击左键，然后选择菜单"数据"→"排序"命令，会打开"排序"对话框，"主要关键字"选择"销售人员"，升序；"次要关键字"选择"销售日期"，升序，其余默认，单击确定按钮，如图 3-20 所示，即可生成如图 3-17 所示的效果。

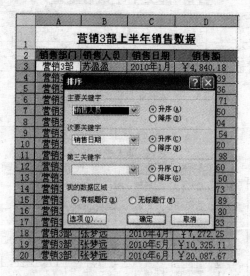

图 3-20　排序设置

2．数据筛选

数据筛选是将不符合条件的数据（记录）隐藏起来，只显示符合条件的数据的一种操作。Excel 提供两种筛选模式——自动筛选和高级筛选，其中自动筛选最常用，能满足大多数的数据分析情景要求。

本案例的操作是想筛选出营销 3 部 6 月份的销售数据，具体操作步骤如下：

在数据区的任一单元格单击左键，然后选择菜单"数据"→"筛选"→"自动筛选"命令，□□之后，你会看到所有数据区的列标题右侧均多了一个向下的箭头，如图 3-21 所示，□□键单击"销售日期"列标题旁边的箭头，弹出下拉列表，在下拉列表中选择

"2010 年 6 月"即可。

相关说明：

（1）如果你的筛选条件不在下拉列表中，可选择"自定义"自己来设置条件。在条件设置中，如果是"与"关系，就是所有条件要同时满足；如果是"或"关系，就是只要满足多个条件中的一个就可以了。

（2）在根据多个列来设置筛选条件时，如果多个列的条件是"与"的关系，那么只需要每一列分别设置筛选条件即可。

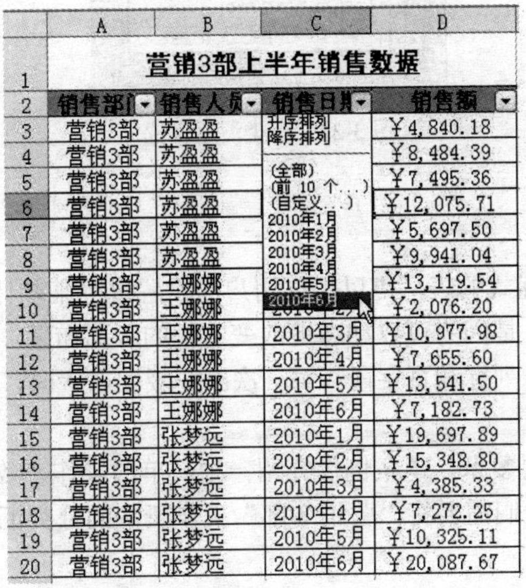

图 3-21　自动筛选设置

3. 分类汇总操作

分类汇总是按照某一个数据标准，对数据进行分类整理的方法。通过分类汇总，可以得出许多种数据的分析结果。

想要进行分类汇总，先要对分类字段（列）进行排序操作。

本案例已经根据"销售人员"列排过序列了，我们需要先取消掉上一步的筛选结果，具体步骤是：

在数据区的任一单元格单击左键，然后选择菜单"数据"→"筛选"→"自动筛选"命令，鼠标左键单击，即可取消自动筛选效果（即取消掉"自动筛选"项目上的"√"）。

然后我们在按照"销售人员"列排好序的数据区中，任选一单元格单击鼠标左键，选择菜单"数据"→"分类汇总"，弹出"分类汇总"对话框，如图 3-22 所示。

如图 3-22 所示，"分类字段"选择"销售人员"，"汇总方式"选择"求和"（此处即为函数的类别，公式与函数在下一小节讲解），"选定汇总项"选择"销售额"，其余默认，单击"确定"按钮，即可生成如图 3-19 所示的效果。通过如图 3-19 所示的效果，我们很容易可以看到每个人前 6 个月的销售总额，以及 3 个人前 6 个月的总计销售总额。试着单击如图 3-19 所示的效果左上角的小数字"1，2，3"，看看会有什么效果。

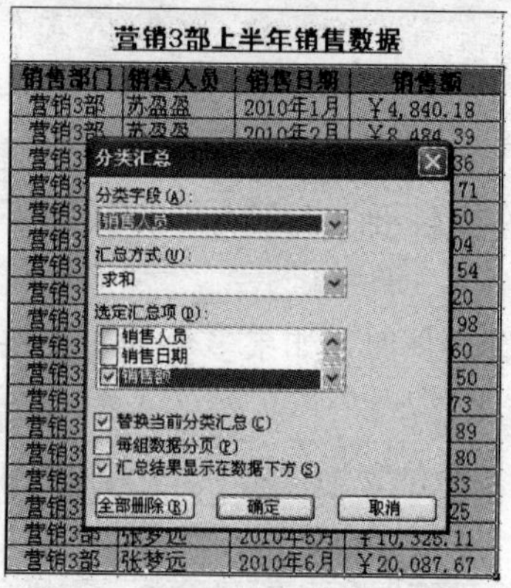

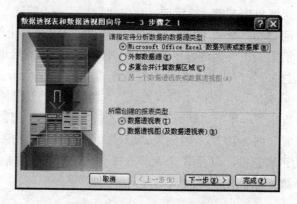

图 3-22　分类汇总设置

4. 数据透视表操作

数据透视表是一种交互式的表，可以根据用户的设置进行某些计算，比如求和、计数等。其之所以称为数据透视表，是因为可以动态地改变它们的版面布置，以便按照不同方式分析数据，也可以重新安排行号、列标和页字段。每一次改变版面布置时，数据透视表会立即按照新的布置重新计算数据。

数据透视表的使用稍显复杂，本案例仅介绍一种简单的操作，效果如图 3-3 右侧所示。为了设置生成数据透视表，我们需要将"营销 3 部"工作表中的分类汇总后的数据复原，其复原方法为：

选择菜单"数据"→"分类汇总"命令，弹出"分类汇总"对话框后，如图 3-22 所示，单击左下角的"全部删除"按钮，则数据复原到排序后的样子。

下面来生成数据透视表，具体步骤是：

在数据区的任一单元格单击左键，然后选择菜单"数据"→"数据透视表和数据透视图"命令，弹出"数据透视表和数据透视图向导"对话框，如图 3-23 所示，按图中所示选项设置，单击"下一步"按钮，出现如图 3-24 所示的数据选取区，本数据区是正确区域，不需要重新选择，直接单击"下一步"按钮，出现如图 3-25 所示对话框，"数据透视表显示位置"选择"现有工作表"，然后用鼠标单击"G2"单元格，作为数据透视表左上角起始单元格，单击"完成"按钮，数据透视表的初始状态如图 3-26 所示。

图 3-23　数据透视表和数据透视图向导—步骤 1

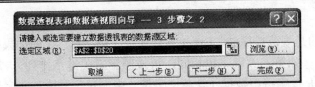

图 3-24　数据透视表和数据透视图向导—步骤 2

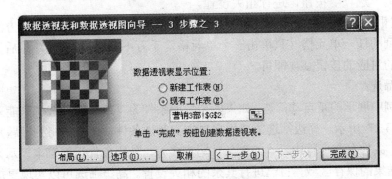

图 3-25　数据透视表和数据透视图向导—步骤 3

　　刚刚产生的数据透视表中没有任何的数据，仅有一些水印文字作为提示信息，例如"将行字段拖至此处"、"将列字段拖至此处"、"将数据项拖至此处"等。在"数据透视表字段列表"中，列出了数据区的列标识，上面也标了一行小字"将项目拖至数据透视表"，下面我们用鼠标左键来拖动数据项到数据透视表中，拖动项目与数据透视表中对应的区域如图 3-26 所示。将"销售日期"列拖动到左侧"行字段"中；将"销售人员"拖动到顶端"列字段"中，将"销售额"拖动到中间"数据项"处，即可生成对应的数据透视表，如图 3-3 右侧所示。通过这张数据透视表，营销 3 部 3 个人前 6 个月的销售数据就一目了然了。

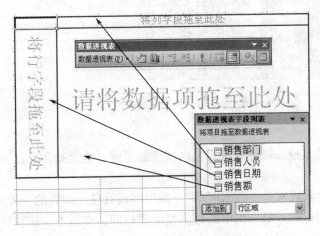

图 3-26　数据透视表初始状态

3.3.4　技术总结

　　数据分析及其结果是很多时候我们使用 Excel 进行数据计算的最终目标，Excel 能够进行的数据分析种类当然不仅仅是上述的几种，是否能够熟练地掌握并应用此技术解决现实工作问题，依赖于读者自我练习的情况。现将上述四种操作的相关技术再次总结如下：

（1）关于排序：

① 案例中展示的是规范排序法。Excel 支持 3 级关键字排序（即如果第一关键字相同，再按照第二关键字排列，如第二关键字也相同，再按照第三关键字排列），每级均支持升序和降序，默认的排序规则是：字符型数据（含英文字符、中文汉字）按英文字母表顺序排列，数字和日期型直接比较大小。如果你想使用其他的排序规则，则可以单击如图 3-20 所示的"排序"对话框左下角的"选项"按钮，进行相关设置。

② 如果仅根据某一列进行一级关键字排序，可直接单击快速排序按钮。方法是：鼠标左键单击关键字列的任一单元格（只单击一个单元格，千万不可选择整列），然后直接单击"常用"工具栏上的对应的按钮 即可。

（2）关于筛选：

我们在案例中展示的是自动筛选，如果多个列的条件为"或"的筛选就只能采用"高级筛选"了，如图 3-27 所示。高级筛选需要用户自定义筛选条件（通常是将列标题复制到另外一个区域，"与"条件写在一行中，"或"条件写在多行，使用条件运算符来表示）作为条件区域，自己指定结果的保存区域，自己进行其余的相关设置。高级筛选可以实现更加复杂的表达方式，当然也需要使用者具备更好的操作技术。

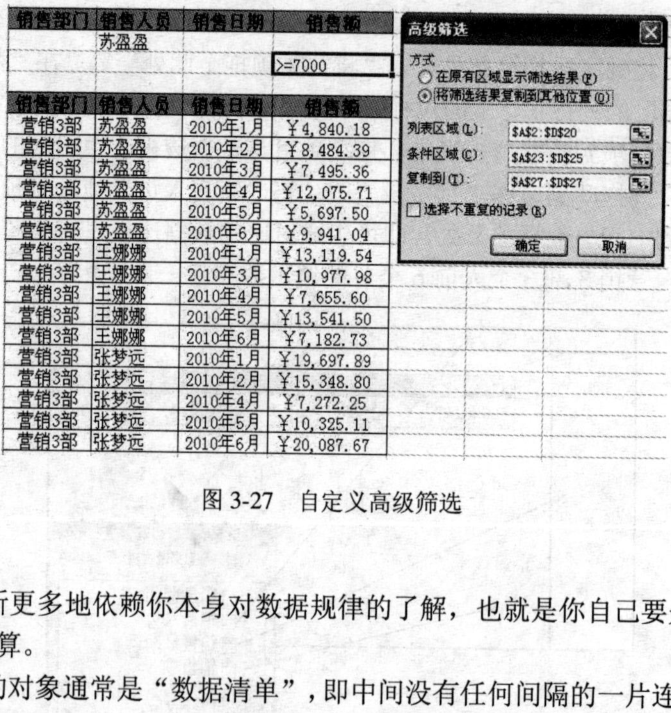

图 3-27　自定义高级筛选

（3）另外：

① 数据的分析更多地依赖你本身对数据规律的了解，也就是你自己要先知道这些数据要怎么分析、怎么计算。

② 数据分析的对象通常是"数据清单"，即中间没有任何间隔的一片连续的数据区域（矩形区域），有对应的列标题，每一列中的数据类型要相同。实际上，这种样式就是简单的数据库表（Table）。

3.4　任务 3（公式与函数）

Excel 在数据处理方面最具魅力的地方主要体现在公式与函数方面。在 Excel 中，公式是将各种运算符、数据、单个或多个函数组合在一起完成某种运算的表达；函数是在 Excel 当中已经定义好的能完成某种功能的预定义的公式。

3.4.1 作品展示

如图 3-28 所示是对 3 个销售部前 6 个月的销售数据，从个人，到每个销售部每个月份的整体情况，进行计算得出的总的数据。

总公司可以依据此数据表，对销售部和个人的业绩情况进行分析和奖惩。

	A	B	C	D	E
1	销售数据分析总表（1-6月）				
2					
3	员工数据分析				
4					
5	编号	姓名	所属部门	工资标准	销售业绩（总额）
6	00001	蓝晓琦	营销1部	￥2,800	￥88,926.69
7	00002	赵宇明	营销2部	￥2,500	￥71,846.77
8	00003	张梦远	营销3部	￥2,000	￥77,117.05
9	00004	李小宁	营销2部	￥2,500	￥50,627.77
10	00005	苏盈盈	营销3部	￥2,000	￥48,534.18
11	00006	方晓东	营销1部	￥2,500	￥97,899.16
12	00007	刘炫	营销1部	￥2,000	￥68,090.29
13	00008	王娜娜	营销3部	￥2,600	￥54,553.55
14	00009	刘红	营销3部	￥2,000	￥43,574.86
15					
16	营销部数据分析				
17					
18	月份	营销1部	营销2部	营销3部	总计
19	1月份	￥35,189.12	￥56,019.67	￥37,657.61	￥128,866.40
20	2月份	￥45,988.74	￥11,775.40	￥25,909.39	￥83,673.53
21	3月份	￥18,212.63	￥39,404.41	￥22,858.67	￥80,475.71
22	4月份	￥68,658.64	￥8,170.12	￥27,003.56	￥103,832.32
23	5月份	￥30,036.31	￥34,360.10	￥29,564.11	￥93,960.52
24	6月份	￥56,830.70	￥16,319.70	￥37,211.44	￥110,361.84
25	月均	￥42,486.02	￥27,674.90	￥30,034.13	￥33,398.35
26	最高	￥68,658.64	￥56,019.67	￥37,657.61	￥68,658.64
27	最低	￥18,212.63	￥8,170.12	￥22,858.67	￥8,170.12
28	奖励系数	1.5	1	1	

图 3-28 销售数据分析总表

3.4.2 任务描述

为了实现以上数据分析效果，我们需要完成如下任务：

（1）对各营销部的数据统一排序。

（2）对员工个人业绩进行计算。

（3）对各营销部的数据进行计算。

3.4.3 案例制作

1. 数据排序

如图 3-2 所示的营销 1 部和 2 部的销售记录是无序的，为了使数据计算统一，我们需要对这两张数据表进行排序，排序的方法和标准与营销 3 部相同，如图 3-20 所示。

经过排序之后，3 个营销部的数据均为：第一关键字按"销售人员"升序、第二关键字按"销售日期"升序排列。

2. 设计数据分析总表

选择菜单"插入"→"工作表"命令，新建立一张空白工作表，并将其名称更改为"数据分析", 对这张空白工作表进行设置, 样式如图 3-29 所示, 员工数据可从"员工档案"中复制过来。

	A	B	C	D	E
1	销售数据分析总表（1-6月）				
2					
3	员工数据分析				
4					
5	编号	姓名	所属部门	工资标准	销售业绩(总额)
6	00001	蓝晓琦	营销1部	￥2,800	
7	00002	赵宇明	营销2部	￥2,500	
8	00003	张梦远	营销3部	￥2,000	
9	00004	李小宁	营销2部	￥2,500	
10	00005	苏盈盈	营销3部	￥2,000	
11	00006	方晓东	营销1部	￥2,500	
12	00007	刘炫	营销1部	￥2,000	
13	00008	王娜娜	营销3部	￥2,600	
14	00009	刘红	营销2部	￥2,000	
15					
16	营销部数据分析				
18	月份	营销1部	营销2部	营销3部	总计
19	1月份				
20	2月份				
21	3月份				
22	4月份				
23	5月份				
24	6月份				
25	月均				
26	最高				
27	最低				
28	奖励系数				

图 3-29　销售数据分析总表初始状态

3. 数据计算

有了这张数据分析总表, 下面就开始计算数据。经过分析, 我们能够发现: 员工数据分析需要计算每个员工 1～6 月份所有销售数据的总和; 营销部的数据要按月从每个员工的数据中进行汇总计算。

先来计算员工数据:

鼠标单击 E6 单元格, 即营销 1 部员工"蓝晓琦"的"销售业绩（总额）", 再用鼠标左键单击"常用"工具栏"∑"按钮右侧向下的箭头, 如图 3-30 所示, 选择菜单项中的"求和", 这时 E6 单元格中可能会显示"=SUM(D6)"这样的表达方式（这就是 Excel 中的"求和"函数, 我们知道, E6 中的数据值不等于 D6, 而应该是"营销 1 部"工作表中的数据区域 D9:D14。注意: 这是经过前面排序操作后的, 如果不是按照前面的标准排序, 则可能数据引用会出现错误), 然后用鼠标左键单击"营销 1 部"工作表名称, 接着用鼠标左键选择数据区域 D9:D14,

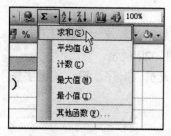

图 3-30　常用函数调用

在编辑区的函数引用格式应该自动改变成"=SUM(营销 1 部!D9:D14)", 此时敲击键盘上的回车键即可, E6 单元格中的数据应该得出正确的计算结果: 88926.69。

使用同样的方法, 依次计算出其余员工的销售总额数据。一定要注意员工的数据是来自于不同的工作表。

最终的计算结果如图 3-28 上半部分所示。

接下来计算各营销部不同月份的销售数据。

B19 单元格数据的计算:

鼠标左键单击 B19 单元格（这是营销 1 部 1 月份的销售总额数据，我们知道其数据值应该是工作表“营销 1 部”中“方晓东”、“蓝晓琦”、“刘炫”3 个人 1 月份销售数据的总和），使用与上述相同的方法调出“SUM”函数后，再使用鼠标左键单击工作表“营销 1 部”，先单击 D3 单元格（这是“方晓东”1 月份的销售数据），然后按住 Ctrl 键，依次单击 D9 和 D15 单元格（“蓝晓琦”和“刘炫”的 1 月份数据）后，单击回车键即可。

B20 至 B24 单元格的计算：

如果你不怕麻烦，当然可以使用上述的方法，一个一个地计算出余下的单元格数值。但是，我们可以使用更加快速的方法来完成 B20:B24 数据区域的计算，具体方法是：

鼠标左键单击 B19 单元格，然后移动到该单元格的右下角，当鼠标左键变成黑色十字形时，按住鼠标左键不放，向下拖动到 B24 松开左键即可，如图 3-31 所示。

这是不是像前面基础操作部分的序列生成？没错，操作技巧都是相同的，不同的是这边使用的是公式的相对地址引用。

分析数据格式我们不难发现，营销 1 部的数据计算是 1～6 月份连续单元格，而“营销 1 部”工作表中的每个人的数据经过排序之后也是 1～6 月份连续，加之 B19 单元格的数据计算已经引用了初始的 3 个不连续单元格地址，其余的单元格地址的变化规律都是相同的，所以可以采用这样的方法来快速计算数据。

用鼠标单击 B20 单元格，你会发现其中引用的地址为“=SUM(营销 1 部!D4,营销 1 部!D10,营销 1 部!D16)”，这与 B19 中的单元格公式地址“=SUM(营销 1 部!D3,营销 1 部!D9,营销 1 部!D15)”每个单元格位置恰好相差一个。

16	营销部数据分析				
17					
18	月份	营销1部	营销2部	营销3部	总计
19	1月份	￥35,189.12			
20	2月份	￥45,988.74			
21	3月份	￥18,212.63			
22	4月份	￥68,658.64			
23	5月份	￥30,036.31			
24	6月份	￥56,830.70			
25	月均				
26	最高				
27	最低				
28	奖励系数				

图 3-31　公式复制-相对地址

C19:D24 数据区的计算：

采用与上述相同的方法，先分别计算出 C19 和 D19 中另外两个营销部 1 月份的数据，然后使用鼠标拖动的方法进行公式复制，可快速计算出 C19:D24 数据区的值。

“总计”列的求和：

B19:D24 的数据计算好之后，我们来计算“总计”列的求和。在“总计”列中，E19:E24 区域是 3 个营销部每个月销售值的合计总数，其计算方法是：

鼠标左键单击 E19，然后在该单元格中手工输入“=B19+C19+D19”后敲回车键（注意：“=”要在英文输入法模式下输入，这样手工书写的表达式我们称为“公式”），余下的 E20:E24 区域不用讲你也应该知道怎么处理吧？没错，用鼠标左键拖动复制公式就好了。

“月均”、“最高”、“最低”数据的计算：

这三种数据计算实际上一点都不难，有了上述的基础，我们可以很容易地将其计算出来。

下面简述一下操作方法。

B25 营销 1 部的月均值，是计算 1～6 月份销售额的平均数的。先鼠标单击 B25 单元格，然后在"常用"工具栏"∑"按钮右侧向下的列表中选择"平均值"（函数名为 Average），数据区选择 B19:B24，直接敲回车键。

B26"最高"是计算营销 1 部 1～6 月份的最高销售额，数据区同样为 B19:B24，所不同的就是在函数名列表中选择"最大值"（函数名为 MAX）。

B27 与 B26 的计算方法及数据区完全相同，唯一不同的是函数名选择"最小值"（MIN）。

特别注意：

"总计"列中的月均、最高、最低虽然使用的函数与各销售部的计算方法相同，但一定要注意 E25、E26、E27 中引用的数据区是 B19:24，即 E25 中的表达式应为"=AVERAGE(B19:D24)"，E26 中的表达式应为"=MAX(B19:D24)"，E27 中的表达式应为"=MIN(B19:D24)"；

奖励系数的计算：

首先我们来看奖励系数及其计算规则。所谓的奖励系数一般是指公司对一定时间范围内表现出色的部门给予奖励的标准。

为了鼓励先进，我们假定总公司对销售部的奖励系数制定标准为：半年月均销售额不低于总公司的总计平均值，系数为 1.5，其余的系数标准为 1。换句话说就是，月均销售额超出平均标准的销售部的奖金是其余销售部的 1.5 倍。

下面来看奖励系数的计算方法。

鼠标左键单击 B28 单元格，在其中手工输入"=IF(B25>=$E$25,1.5,1)"，敲回车键，然后采用公式复制的方法，拖动鼠标，复制此公式到 C28 和 D28 单元格完成计算，最终结果如图 3-28。

说明：

（1）IF 函数。

IF 函数的格式约定是，括号内含 3 个表达式，用两个逗号分开，形如（①，②，③），如果表达式①成立，则②的值即为整个表达式的值，否则整个表达式的值为③。

IF 函数可以通过图 3-29 中的"其他函数"调出。

IF 函数可以嵌套多层，以实现多分支计算。

表达式①的运算不局限于数值型数据。

一个样例："=IF(B33="教授",25,(IF(B33="副教授",20,10)))"。

（2）地址表述。

上述手工录入的表达式"=IF(B25>=$E$25,1.5,1)"中，E25 单元格的列标和行标前各增加了一个"$"符号，这样的地址称之为"绝对地址"，其作用是保证无论将公式复制到哪里，其所引用的单元格都不会改变。

仅在行标识（或列标识）前使用一个"$"符号来保证行（或列）不会变化的情况称之为"混合地址"。

行列前什么符号都不加的情况称之为"相对地址"。

3.4.4 技术总结

Excel 中可以使用的运算符如表 3-1 所示。

表 3-1　Excel 常用运算符

类　别	运算符及含义	含　义	示　例
算术	+（加号）	加	1+2
	−（减号）	减	2−1
	−（负号）	负数	−1
	*（星号）	乘	2*3
	/（斜杠）	除	4/2
	%（百分比）	百分比	10%
	^（乘方）	乘幂	3 ˆ 2
比较	=（等号）	等于	A1=A2
	>（大于号）	大于	A1>A2
	<（小于号）	小于	A1<A2
	>=（大于等于号）	大于等于	A1>=A2
	<=（小于等于号）	小于等于	A1<=A2
	<>（不等号）	不等于	A1<>A2
文本	&（连字符）	将两个文本连接起来产生连续的文本	"2009"&"年"（结果为"2009 年"）
引用	:（冒号）	区域运算符	A1:D4（引用 A1 到 D4 范围内的所有单元格）
	,（逗号）	联合运算符，将多个引用合并为一个引用	SUM（A1:D1,A2:C2）将 A1:D2 和 A2:C2 两个区域合并为一个
	（空格）	交集运算符，生成对两个引用中共有的单元格的引用	A1:D1 A1:B4（引用 A1:D1 和 A1:B4 两个区域的交集即 A1:B1）

Excel 的公式和函数功能非常强大，在实际使用的时候可以将各函数相互嵌套混合使用，组合成功能更加复杂的表达方法；函数可以通过菜单选取选择，也可以由用户自己手工输入，而且大小写均可，具有极其灵活的特点。

Excel 中前面没使用过的其他常用的函数及功能如表 3-2 所示，感兴趣的读者可自行参照练习。

表 3-2　Excel 常用函数表

函 数 名	函 数 功 能	一般使用格式
ABS	求数值型数据的绝对值	=ABS(A2)
AND	逻辑"与"运算	=AND(A5>0,B5>=60)
COUNT	统计给定区域内数值型数据个数	=COUNT(A5:H12)
COUNTIF	统计某区域内符合条件的单元格数	=COUNTIF(B1:B13,">=80")
DAY	计算给定日期的天数值	=DAY("2010-5-20")　结果是 20
INT	强制向下取整	=INT(19.98)　结果为 19
NOW	返回系统的当前日期和时间	=NOW()　不需要参数
OR	逻辑"或"运算	=OR(A5>0,B5>=60)
TODAY	返回系统当前日期	=TODAY()　不需要参数

3.5 任务4（图表技术）

人对事物的认知，大部分来自于视觉，通过图形来获取信息，会使人觉得更加轻松容易。所以，使用图表将抽象的数据表现出来，能够使人更加容易地认识到数据之间的内在规律而不必去记住那些抽象的数据文字。

3.5.1 作品展示

如图 3-32 所示为根据如图 3-28 所示的"销售数据分析总表"中的"员工姓名"和"销售业绩"两列数据而生成的三维簇状柱形图。

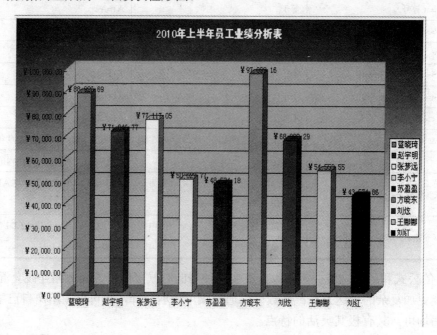

图 3-32 员工业绩分析表

3.5.2 任务描述

为了实现以上数据分析效果，我们需要完成如下任务：
（1）选取对应的数据区域。
（2）调用"图表向导"生成图表。
（3）对生成的图表进行相关设置。

3.5.3 案例制作

Excel 制作图表使用的是"图表向导"。

1. 数据选择

打开"销售报表分析.xls"中的"数据分析"工作表（即上一小节计算好的数据），鼠标左键选择员工姓名对应的数据区域 B5:B14，然后按住 Ctrl 键，再选择"销售业绩（总额）"对应的数据区域 E5:E14，我们将以这些数据生成员工姓名和销售业绩对应的数据分析表。

2. 图表生成

数据区域选好以后，选择菜单"插入"→"图表"命令，调出"图表向导"，如图 3-33 所示，选择"图表类型"为"柱形图"中的"三维簇状柱形图"子图表类型，单击"下一步"按钮，进入图表向导的第二步，即图表数据源设置，如图 3-34 所示。

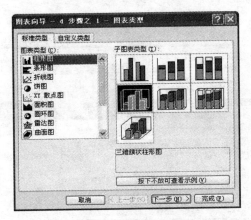

图 3-33　图表类型选择

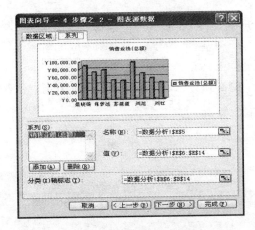

图 3-34　图表数据源设置

图表数据源设置包含两个选项卡，分别是设置数据区域（如果没选择数据区域，可在此步骤选取）和系列设置，系列设置中的"值"和"分类（X）轴标志"一般由数据区域自动生成，"名称"对应的是图形上数据的含义，这个可以自由修改。我们在这一步全部采取默认值，直接单击"下一步"按钮，进入图表向导步骤 3，即图表选项设置，这一步是设置项目比较集中的地方，可以分别设置"标题"、"网格线"、"数据标志"等，如图 3-35 所示。

在图表选项中，我们设置"图表标题"的内容为"2010 年上半年员工业绩分析表"，"数据标志"为显示值（把"数据标志"选项卡中的"值"复选框勾选上），其余默认，单击"下一步"按钮，进入图表向导步骤 4，即图表位置设置，如图 3-36 所示。

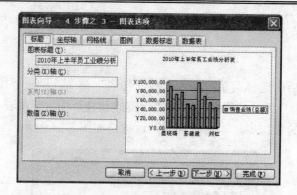

图 3-35　图表选项设置

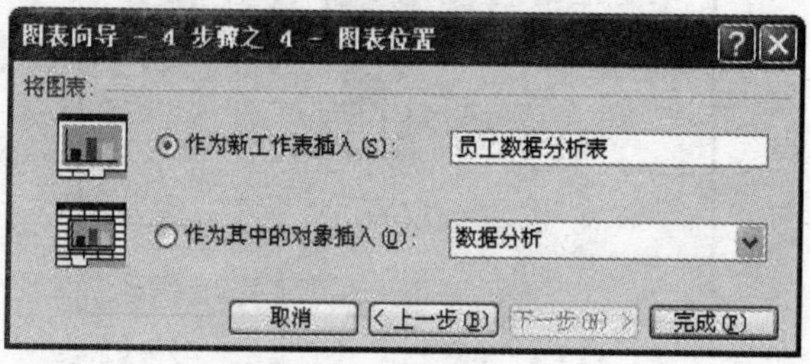

图 3-36　图表位置设置

选择"作为新工作表插入"，后面的文本框内输入"员工数据分析表"，单击"完成"按钮，即可生成对应的图表，如图 3-37 所示。图表刚生成的时候仅仅是普通的外观，如果想看起来更美观，还需要对其进行美化。

对图表进行美化最简单的操作方法就是，想美化哪个对象，就在哪个对象上面"双击"鼠标左键。

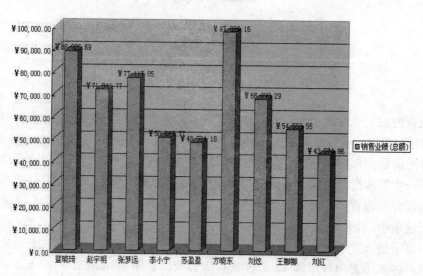

图 3-37　图表初始状态

3. 图表美化

（1）数据系列图形美化：在柱状图形（蓝灰色的柱子中间）上面双击鼠标左键，弹出"数据系列格式"对话框，在"选项"选项卡中，将"依数据点分色"复选框勾选上，则所有的柱状图变成不同的颜色，而且图例也相应地发生改变，如图 3-38 所示，单击"确定"按钮。

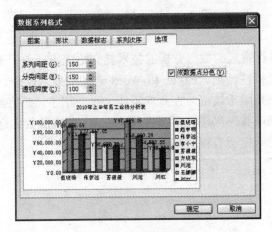

图 3-38　数据系列格式

（2）图表区背景美化：在图表背景区（白色背景区域）双击鼠标左键，弹出"图表区格式"对话框，单击右下角的"填充效果"按钮，在"填充效果"对话框中，选择第一个"渐变"选项卡，单击"颜色"中的"双色"单选按钮，如图 3-39 所示，颜色 1 选择"蓝色"，颜色 2 选择"白色"，其余默认，单击"确定"按钮，将图表背景区设置成上蓝下白的过渡效果。

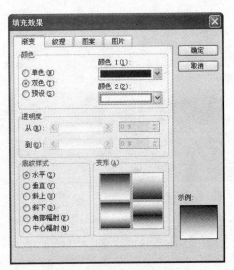

图 3-39　双色填充效果

（3）图表标题文字美化：鼠标双击图表标题文字，弹出"图表标题格式"对话框，选择"字体"选项卡，将图表标题设置成"黑体、加粗、16 号、白色"效果，单击"确定"按钮即可。

这样，一张清晰漂亮的图表就制作完毕了。如果你对制作的图表还有不满意的地方，可选择"图表"菜单或"图表"工具栏来继续设置修改，直到满意为止。

3.5.4 技术总结

图表的制作技术不难，其中没有太高深的技术，总的制作原则就是尽量清晰明确地反映数据之间的规律。漂亮不是第一位的，最重要的是能轻松读懂最好。

3.6 拓 展 练 习

至此，使用 Excel 进行常规的数据分析的技术就介绍完毕。关于 Excel 软件当然还有许多可以挖掘的地方，比如选择性粘贴、Excel 和 Word 之间的嵌入操作、公式审核、宏、选项设置、数据合并计算等，但是限于篇幅，在此就不能一一介绍了，感兴趣的读者可以自行练习。如果你对 Excel 的公式和函数感兴趣，可以去找"Excel 公式函数大全"一类的书籍来阅读，相信对你的数据处理能力一定会有很大的提高的。

第 4 章　演示文稿制作

4.1　演示文稿

　　演示文稿制作现在已经成为日常办公领域中非常重要的一种应用，其主要目的是将文字、图片、图表、动画、声音、影片等多种媒体资料进行整合，形成丰富多彩的、动态的文档资料，可广泛地应用于教学、工作汇报、企业宣传、产品推介、婚礼庆典、项目竞标、管理咨询等领域。

　　一套完整的演示文稿可能包括片头动画、封面、前言、目录、过渡页、图表页、图片页、文字页、封底、片尾动画等全部或部分内容。

　　演示文稿的制作过程就是将多种媒体资料进行有序编排整合的过程，用户可独自完成，也可联机完成。制作好的演示文稿可通过多种方式进行展示，比如使用幻灯片机、投影仪进行播放，也可通过光盘分发，或将文档打印出来。

　　由于演示文稿使用了多种媒体的方式进行表示，这样将使得用户在接收的时候能够通过不同的渠道来进行获取，极大地增加了感染力，提高了接收效率和互动效果，从而成为一种极其有效的信息表达方式。

　　在计算机中能够进行演示文稿编辑的软件称之为演示文稿制作软件，从广义上来说它们都属于多媒体制作软件。大多数的多媒体制作软件均不需要用户具备太专业的计算机知识，仅需要他们能够将现成的素材按照想表达的思想进行有序整合即可。

　　常见的演示文稿制作软件有微软公司的 PowerPoint、金山公司的 WPS 演示、OpenOffice Impress、Macromedia Authorware 等。

　　下面我们将以微软公司的 PowerPoint 2003 作为示例，来为大家展示演示文稿的制作技术。

　　PowerPoint 与 Word 和 Excel 一样，均为 Office 办公系列组件之一，其中有些对象为它们所共同拥有，比如公式编辑器、图表编辑器等，所以前面在 Word 和 Excel 中所使用的基础操作技术在此依然有效。

　　在进行演示文稿编辑之前，我们先来练习一下 PowerPoint 的基础操作。

　　单击"开始"菜单→"程序"→"Microsoft Office"→"PowerPoint 2003"打开软件，进入编辑界面，选择菜单"文件"→"新建"→"本机上的模板"（在右侧任务窗格中）→"演示文稿"选项卡→"贺卡"，单击"确定"按钮，会自动通过模板生成一套已经设置好的演示文稿，如图 4-1 所示。

　　按键盘上的 F5 键从第一张幻灯片开始放映，观察每张幻灯片上面文字、图片等的动态效果和幻灯片转换间的过渡效果。单击鼠标左键（或用滚轮）从前往后依次放映，想结束放映的时候按键盘左上角的 Esc 键，如果想从任意幻灯片位置（比如第五章）开始重新放映，请单击该幻灯片，然后按键盘上的组合键 Shift+F5；如果想将本套幻灯片保存，请单击菜单"文件"→"另存为"命令，在弹出的"另存为"对话框进行选择设置。

　　熟悉了基础操作之后，我们正式开始动手制作自己的演示文稿。

　　我们将要制作的演示文稿是对计算机基础课程整体情况进行说明的一套材料，名称定为"计算机基础说课"，对材料的规划是文稿包含 5 个方面的内容，分别是课程的作用与目标、课程的内容与资源、学情分析、教学过程设计和教学过程实施。

图 4-1　"贺卡"演示文稿

　　文稿制作的素材前期需要自己准备好。PowerPoint 制作演示文稿一般可划分为两个步骤：一是文档制作及格式化；二是放映效果设置。首先我们制作文档并进行格式化操作。

4.2　任务 1（文档格式化）

　　先看一下我们最终要制作的演示文稿效果，以确定我们的目标。

4.2.1　作品展示

　　本套演示文稿包含 10 张幻灯片，含封面、目录、章节和封底几个部分，分别如图 4-2 到图 4-11 所示。

图 4-2　样张—封面

图 4-3 样张—目录

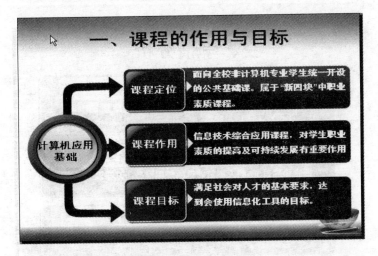

图 4-4 样张—章节 1

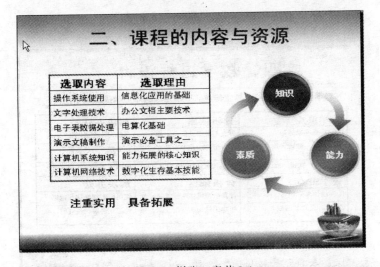

图 4-5 样张—章节 2-1

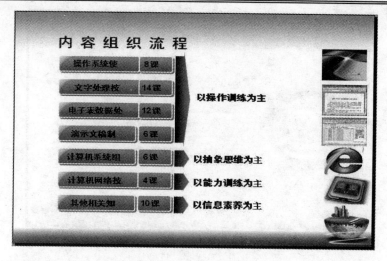

图 4-6　样张—章节 2-2

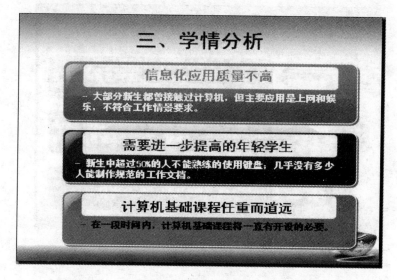

图 4-7　样张—章节 3

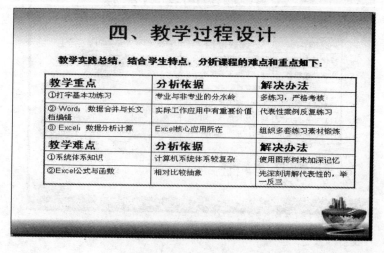

图 4-8　样张—章节 4-1

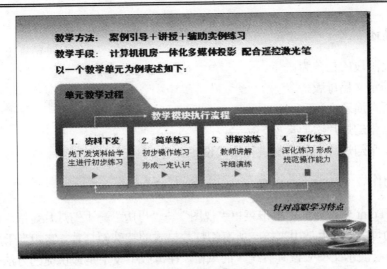

图 4-9　样张—章节 4-2

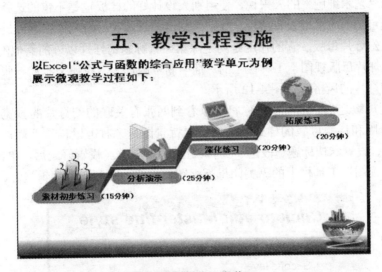

图 4-10　样张—章节 5

图 4-11　样张—封底

4.2.2 　任务描述

文档格式化阶段的任务为：

（1）设计演示文稿母版。

（2）生成所有演示文稿。

（3）为每一张幻灯片添加素材。

（4）为每一张幻灯片上的素材进行格式设置。

4.2.3 　案例制作

进入 PowerPoint 软件界面，单击菜单"视图"→"母版"→"幻灯片母版"命令，来开始设计演示文稿的母版。母版是用来统一所有幻灯片格式的特殊幻灯片，它相当于所有幻灯片的"原型"。一般一套演示文稿应该具有统一的风格，在母版中设定是最快捷的方法，因为它可以做到"一改全改"，也就是在母版中设计的东西，将在所有幻灯片中出现。母版可以自己设计，对于那些没什么"艺术细胞"的人来说，使用别人设计好的样板也是不错的选择，这样的素材在互联网中随处可见。通常母版有两种，分别是幻灯片母版和标题母版。直接进入母版设计视图默认出现的是幻灯片母版，它的作用是约定除第一张标题幻灯片以外的其他幻灯片的风格，我们可单击"幻灯片母版视图"工具栏上的"插入新标题母版"按钮来添加一张标题母版，用来约定第一张幻灯片的风格，如图 4-12 所示。

添加好标题母版之后，在预览区你将可以看到两张有关联的幻灯片的预览视图。然后分别设置幻灯片母版和标题母版的样式，比如设置背景图片（右击鼠标→"背景"→"填充效果"→"图片"）、设置默认标题、段落、页脚、企业 Logo 等。设置好之后，单击如图 4-12 所示"幻灯片母版视图"工具栏上的"关闭母版视图"按钮，回到正常编辑状态，开始编辑。

图 4-12　编辑母版样式

单击"新建"按钮生成第一张幻灯片，会看到其样式正是我们所设计的标题母版样式。单击编辑窗口左侧的"幻灯片"选项卡上的第一张幻灯片预览视图（小图），直接敲键盘回车键8 次，将生成 2～9 连续 8 张普通幻灯片，样式将与母版中设置的普通幻灯片一样。在第一张标题幻灯片上面单击鼠标右键，在弹出的快捷菜单中选择"复制"命令，在第 9 张幻灯片后面单击右键，选择"粘贴"命令，生成第 10 张幻灯片作为封底。当然，这张幻灯片要重新修改成与封面不同的样子。

10 张幻灯片生成之后，从第一张开始分别设计封面、内容和封底，包括输入文字，设置字体格式、段落格式、对齐方式，调整文本框位置，绘制图形，生成表格、生成图表、生成艺术字，插入图片、声音、媒体剪辑等，所使用的技术与 Word 中大同小异，在此不再赘述。

此处需特别提到"幻灯片版式"功能，如图 4-13 所示。选择菜单"格式"→"幻灯片版式"命令可以调出幻"灯片版式"任务窗格，幻灯片版式功能能够对每一张（或所有）幻灯片的排版及内容进行快速设置和生成。通常极少会有将所有的幻灯片使用一种版式的情况，我们可以在母版中设置大多数幻灯片的排版情况，其余少量的幻灯片可以采用单独设置版式来处理。在"幻灯片版式"任务窗格中选择好当前幻灯片想设置的版式后，单击版式预览图右侧的下拉按钮，选择"应用于选定幻灯片"（如图 4-13 所示），将会使当前幻灯片版式改变。然后按照幻灯片上面的提示"单击图标添加内容"来添加表格、图表、剪贴画、图片等即可。

这样逐张地来完成每一张幻灯片的设计，力求精益求精，所需素材可通过各种手段来获取，互联网和搜索引擎无疑是非常有用的工具之一，要多加利用。

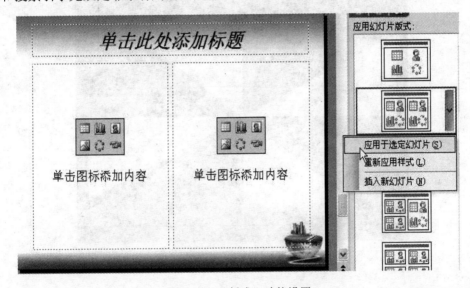

图 4-13 "版式"功能设置

在"格式"菜单中还有另外一个功能，就是"幻灯片设计"，那么它与"幻灯片版式"有什么不同么？简单来说，"幻灯片设计"就是重新修改幻灯片的背景、文字风格等的一套方案，是一种被预先定义好了的母版样式，可对每一张（或全部）幻灯片进行修改，其设置方法与版式类似。"幻灯片设计"功能适用于开始没有设置"母版"的情况，如果未设置母版，所有预先生成的幻灯片将只有黑白两色，很不美观，可以使用"幻灯片设计"功能来快速美化；如果已经在"母版"中设置过了，则重新应用"幻灯片设计"会覆盖原有的效果。

文档设置好后记得及时保存文件，良好的存盘习惯也很重要。

4.2.4 技术总结

（1）与 Word 相似的操作技术，上手非常容易。

（2）PowerPoint 仅是一个媒体集成工具，素材的准备和组织很重要。

（3）不追求最花哨最漂亮的效果，须知"乱花迷人眼"，整洁素雅永远是最好的。

（4）颜色搭配一定要协调，要考虑到观者的感受，也要考虑到色差问题。

（5）到网络上找找"PowerPoint 技巧"一类的文档看看，你一定能找到更多的乐趣。

（6）熟能生巧。

4.3　任务 2（放映特效设置）

演示文稿编辑完成之后，可以先放映一下，观看效果如何，你会发现没有设置放映效果的幻灯片非常地单调，与前面展示的"贺卡"样例相比效果要差很多。下面我们就动手来美化演示文稿，先看看最终的效果展示。

4.3.1　作品展示

展示最终作品的两种动画效果，分别是幻灯片的切换效果和超链接效果，分别如图 4-14 和图 4-15 所示。

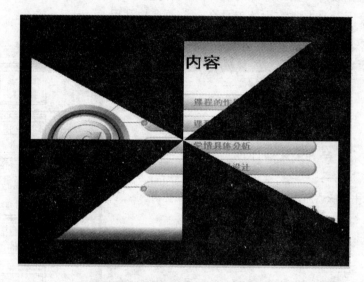

图 4-14　"顺时针回旋"切换效果

图 4-15　"超链接"效果

4.3.2　任务描述

放映特效设置阶段的任务为：

（1）每一张幻灯片的动画设置。

（2）幻灯片的切换效果设置。

（3）目录部分的超链接设置。

（4）多媒体播放效果设置。

4.3.3　案例制作

1．动画设置

在 PowerPoint 中，最重要的放映效果设置集中在"幻灯片放映"菜单中。

动画设置是为每一张幻灯片中的各种对象分别设置动画效果。在每一张幻灯片中，文字、图片、文本框、艺术字、图形等都可分别设置动画。

下面以第 2 张幻灯片中的"@"符号图形为例演示动画设置的方法。

单击该图形，选择菜单"幻灯片放映"→"自定义动画"项，在工作区会出现"自定义动画"任务窗格，如图 4-16（a）所示，选择"添加效果"→"进入"→对应效果即可，动画效果设置完毕之后，可按如图 4-16（b）所示进行进一步详细设置。

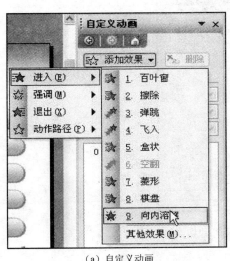

（a）自定义动画

（b）动画效果修改

图 4-16　动画设置

进入：当对象（比如图片）刚出现时候的动画效果。

强调：想特别突出某个对象的时候设置的效果。

退出：对象退出时候的效果。

动作路径：可自己绘图，设定按某不规则路径运动。

注：常规对象仅设置进入效果即可。

　　当所有幻灯片中的对象动画都设置完毕之后，可统一放映观看效果。动画设置也是很耗费心思的地方，由于每个人的审美观的不同，会设置出不同的风格。需要说明的是，不是所有的对象都必须设置动画，如果幻灯片中动画元素太多，可能会显得比较混乱，反而冲淡了本来要表达的主题。在适当的地方设置合适的动画效果，实现"画龙点睛"的效果可能会事半功倍。

2. 幻灯片切换效果设置

　　每一张幻灯片的动画设置好后，接下来设置幻灯片切换效果。

　　幻灯片切换是从一张幻灯片转换到另一张幻灯片的过渡效果，与动画效果配合使用能将演示文稿变得更加生动。

　　选择菜单"幻灯片放映"→"幻灯片切换"项，在"幻灯片切换"任务窗格的"应用于所选幻灯片"列表中选择"随机"效果，设置好速度（切换速度通常使用"快速"），单击下面的"应用于所有幻灯片"按钮（如不单击此按钮，则仅设置一张幻灯片的切换效果），则幻灯片的切换效果设置完毕，如图 4-17 所示。当然，这是一种偷懒的设置方法，但确实也蛮有意思的，因为播放每一张幻灯片的切换效果都是"随机"出现的，连你自己都不知道会是什么效果。

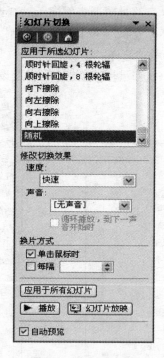

图 4-17　幻灯片切换

3. 超链接

　　超链接技术最普遍的应用当然是在网页中，在演示文稿中也可以使用此技术，来实现幻灯片的跳转、启动其他程序、连接网络、发送邮件等。

　　在演示文稿中能实现超链接的对象可以是文字、图片、图形等，简单说就是必须是能用鼠标单击的东西。

　　下面我们来设置上述演示文稿中第二张幻灯片的超链接。通过观察我们应该能看出，第二张幻灯片实际上就是这套演示文稿的总目录，如果我们希望能在幻灯片放映的时候，通过鼠标单击直接跳转到对应的章节，那么超链接技术就是很好的选择。

　　首先选择要实现超链接的对象，比如第二张幻灯片中的文本框内的文字"课程的作用与目标"，鼠标选择后，右击鼠标，在弹出的快捷菜单中选择"超链接"项，单击后弹出"插入超链接"对话框，在"链接到"选项中选择"本文档中的位置"，在"文档中的位置"栏内选择想链接到的幻灯片，单击"确定"按钮。重复上述过程，将其余的文字链接到对应的幻灯片上。

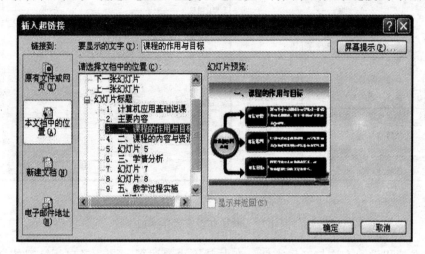

图 4-18　插入超链接

需要说明的是：

（1）超链接效果仅在幻灯片放映的时候才能够使用。

（2）"幻灯片放映"菜单中的"动作按钮"也是预先定义了超链接功能的图形。

（3）超链接当然也可以链接到网页、邮件、可执行程序（比如 word.exe）。

4．多媒体素材

　　多媒体素材也可以集成到演示文稿中，比如在演示文稿放映的时候播放背景音乐，或者穿插视频到演示文稿中。在素材准备好后，可以通过菜单"插入"→"影片和声音"选项将素材添加到演示文稿中。

　　准备一首曲子作为背景音乐，比如"渔舟唱晚.mp3"，背景音乐如果能与演示文稿的主题完美结合是最好不过的。通过"插入"菜单将其添加到第一张幻灯片中，我们计划：幻灯片一放映，背景音乐就出来，然后可持续播放到幻灯片放映结束。音乐添加成功后会在幻灯片中出现一个"小喇叭"图标，你这时候可以试验播放一下幻灯片，会发现幻灯片出现音乐是自动播放的，但是当你切换到下一张幻灯片的时候，音乐就停止了，这是因为默认的播放效果是出现鼠标单击音乐就停止了，所以需要重新设置播放效果选项。

　　单击"小喇叭"图标，在"自定义动画"任务窗格对应的效果设置中选择"效果选项"，如图 4-19（a）所示，弹出播放设置效果对话框，如图 4-19（b）所示，将"停止播放"设置在一定的幻灯片数量之后，如果幻灯片没放完，而音乐时间却不够了，可以通过"计时"选项卡来实现音乐循环播放。

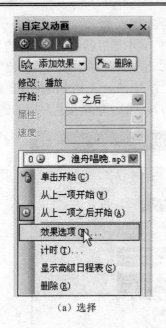
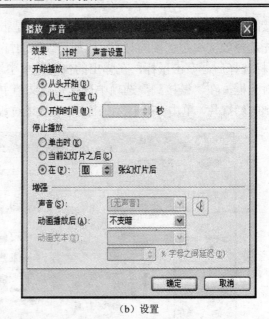

　　　　　　（a）选择　　　　　　　　　　　　　　　　（b）设置

图 4-19　添加并设置音乐播放

　　视频的添加和设置方法与音乐类似，在此就不再赘述了，请读者自行练习体会。

4.3.4　技术总结

　　放映特效的设置和制作技术当然不止上述所展示的这么多，比如放映方式设置、旁白录制、排练计时等，在此就不一一展示了。

　　演示文稿的制作技术就是多媒体综合的技术，动画技术、切换效果、超链接和音乐、视频相互融合的越好，你的演示文稿就越精彩。但是一定要记住的是，演示文稿的内容本身是最核心的东西，技术仅仅是表达手段而已，如果你的内容足够吸引人，就是使用黑白的素色，任何动画都不加也是可以的，千万不可堆砌花样而干扰主题。

4.4　拓 展 练 习

　　请读者进行如下拓展练习：

　　（1）查看普通视图、幻灯片浏览视图、备注页视图有何特点和不同。

　　（2）试试看在演示文稿中页眉/页脚是如何设置的。

　　（3）菜单"视图"→"工具栏"→"大纲"调出来的大纲工具条是干什么的？

　　（4）想调整幻灯片的先后顺序怎么操作？

　　（5）菜单"文件"→"另存为"对话框，选择默认的"演示文稿*.PPT"和"PowerPoint放映*.PPS"生成的文件有何不同之处？

　　（6）试试执行菜单"文件"→"发送"→"Micorsoft Office Word"会出现什么效果。

　　（7）如果想在没有安装 PowerPoint 的机器上放映演示文稿，可以通过菜单"文件"→"打包成 CD"→"复制到文件夹"来实现，看看生成的文件夹里多了什么？

　　（8）自己动手制作一个以自我介绍为主题的演示文稿。

第5章 信息技术基础

计算机中处理的数据都是使用数字化的方法表示的，常见的计算机中的信息可能是一组数字、符号，一段音频，也可能是一张图片或一段视频，那么它们在计算机内部都是怎样处理的呢？本章我们将详细了解不同的数据在计算机内部是如何进行表示和处理的。

5.1 信息与数据

（1）信息：信息是指事物运动的状态及状态变化的方式，是认识主体所感知或所表述的事物运动及其变化方式的形式、内容和效用。

（2）信息技术：用来扩展人的信息器官功能，协助人们进行信息处理的一类技术。

（3）信息处理活动：包括信息收集、信息加工、信息存储、信息传递、信息施用。

（4）现代信息技术的三大领域：微电子技术、通信技术、数字技术（计算机技术）。

（5）当代电子信息技术的基础有两项：微电子与光纤技术和数字技术。

（6）现代信息技术的主要特征：以数字技术为基础，以计算机为核心。

（7）信息处理系统：用于辅助人们进行信息获取、传递、存储、加工处理、控制及显示的综合使用各种信息技术的系统。

（8）信息与数据：

① 信息是客观事物属性的反映，是经过加工处理并对人类客观行为产生影响的数据表现形式。

② 数据是反映客观事物属性的记录，是信息的具体表现形式。

任何事物的属性都是通过数据来表示的。数据经过加工处理之后，成为信息。而信息必须通过数据才能传播，才能对人类有影响。

5.2 数字化基础

把自然世界中的信息转换成计算机可以识别并能够处理的数据的过程叫做数字化处理。由于计算机是使用数字电路设计实现的机器，基于电路设计的原因，计算机中的一切数据均采用二进制进行表示和处理。

计算机内部之所以采用二进制，其主要原因是二进制具有以下优点：

（1）技术上容易实现。用双稳态电路表示二进制数字 0 和 1 是很容易的事情。

（2）可靠性高。二进制中只使用 0 和 1 两个数字，传输和处理时不易出错，因而可以保障计算机具有很高的可靠性。

（3）运算规则简单。与十进制数相比，二进制数的运算规则要简单得多，这不仅可以使运算器的结构得到简化，而且有利于提高运算速度。

（4）与逻辑量相吻合。二进制数 0 和 1 正好与逻辑量"真"和"假"相对应，因此用二进制数表示二值逻辑显得十分自然。

（5）二进制数与十进制数之间的转换相当容易。

要想深刻了解计算机数字化处理的过程，我们先从数制转换开始。

5.2.1 数制及相互转换

数制也称计数制，是指用一组固定的符号和统一的规则来表示数值的方法。编码是采用少量的基本符号，选用一定的组合原则，以表示大量复杂多样的信息的技术。计算机是信息处理的工具，任何信息必须转换成二进制形式的数据后才能由计算机进行处理、存储和传输。

1. 基本概念

（1）数位、基数和位权。

① 数位是指数码在一个数中所处的位置。

② 基数是指在某种进位计数制中，每个数位上所能使用的数码的个数。例如，二进制数基数是 2，每个数位上所能使用的数码为 0 和 1。

③ 对于多位数，处在某一位上的"1"所表示的数值的大小，称为该位的位权。例如，二进制第 2 位的位权为 2，第 3 位的位权为 4。

（2）常用进制数及其书写方式。

计算机中常用到的进制数是二进制数、八进制数、十进制数、十六进制数。进制数的书写方式有两种：

用（进制数）+下角标，如 $(1001)_2$、$(45)_8$。

用大写字母表示，B（二进制），D（十进制），O（八进制），H（十六进制），如 1001B、450D、3AH。十进制在书写的时候可以不用标识出符号。

2. 数制与编码

（1）二进制（二进位计数制）：具有二个不同的数码符号 0、1，其基数为 2；二进制数的特点是逢二进一。例如：

$$(1011)_2=1\times2^3+0\times2^2+1\times2^1+1\times2^0=(11)_{10}$$

（2）十进制（十进位计数制）：具有十个不同的数码符号 0、1、2、3、4、5、6、7、8、9，其基数为 10；十进制数的特点是逢十进一。例如：

$$(1011)_{10}=1\times10^3+0\times10^2+1\times10^1+1\times10^0=1011$$

（3）八进制（八进位计数制）：具有八个不同的数码符号 0、1、2、3、4、5、6、7，其基数为 8；八进制数的特点是逢八进一。例如：

$$(1011)_8=1\times8^3+0\times8^2+1\times8^1+1\times8^0=(521)_{10}$$

（4）十六进制（十六进位计数制）：具有十六个不同的数码符号 0、1、2、3、4、5、6、7、8、9、A、B、C、D、E、F，其基数为 16；十六进制数的特点是逢十六进一。例如：

$$(1011)_{16}=1\times16^3+0\times16^2+1\times16^1+1\times16^0=(4113)_{10}$$

3. 不同数制的转换

（1）十进制整数转换为 R 进制数——除 R（基数）取余法，余数倒序排列。

（2）十进制纯小数转换为 R 进制数——乘 R（基数）取整法，整数正序排列。

（3）R 进制数转换为十进制数——乘权求和法（见上述举例）。

（4）八、十六进制转换为二进制——每 1 位八进制数码用 3 位二进制数码表示，每 1 位十六进制数码用 4 位二进制数码表示。

（5）二进制转换为八、十六进制——从小数点开始分别向左向右展开：每 3 位二进制数码用 1 位八进制数码表示，每 4 位二进制数码用 1 位十六进制数码表示。

5.2.2　数值计算

1. R 进制算数运算法则

加法运算：逢 R 进一。

减法运算：借一位，当 R 用。

2. 逻辑运算

（1）二进制有两个逻辑值：1（逻辑真），0（逻辑假）。

（2）逻辑加（也称"或"运算，用符号"OR"、"∨"或"＋"表示）：当 A 和 B 均为假时，结果为假，否则结果为真

（3）逻辑乘（也称"与"运算，用符号"AND"或"∧"表示）：当 A 和 B 均为真时，结果为真，否则结果为假。

（4）取反（也称"非"运算，用符号"NOT"或"~"表示）。

（5）异或（用符号"XOR"表示）：两个值不同时为真，相同时为假。

5.2.3　数值信息表示

1. 整数表示（定点数）

计算机中的整数一般用定点数表示，定点数指小数点在数中有固定的位置。整数又可分为无符号整数（不带符号的整数）和整数（带符号的整数）。无符号整数中，所有二进制位全部用来表示数的大小，有符号整数用最高位表示数的正负号，其他位表示数的大小。如果用一个字节表示一个无符号整数，其取值范围是 $0\sim255$（2^8-1）。表示一个有符号整数，其取值范围 $-128\sim+127$（$-2^7\sim+2^7-1$）。例如，如果用一个字节表示整数，则能表示的最大正整数为 01111111（最高位为符号位），即最大值为 127，若数值>|127|，则"溢出"。计算机中表示一个带符号的整数，数的正负用最高位来表示，定义为符号位，用"0"表示正数，"1"表示负数。

带符号整数有原码和补码两种表示方式，其中带符号的正数的补码就是原码本身；带符号的负数的补码是原码取反再加一换算得来，计算机中带符号的负数采用补码的形式存放。

原码到补码的换算过程是：保持最高位符号位不变，其余各位取反，然后末位加 1。

补码到原码的换算过程是：保持最高位符号位不变，其余各位取反，然后末位加 1。

注意：如果是正数，则补码就是其原码本身，反推，如果带符号数补码的最高位是 0，则该补码表示形式也是该数值的原码表示形式。

2. 浮点数表示

实数一般用浮点数表示，因为它的小数点位置不固定，所以称为浮点数。它是既有整数又有小数的数，纯小数可以看做实数的特例。任何一个实数都可以表达成一个乘幂和一个纯小数之积，57.6256、-1984.043、0.004567 都是实数，以上三个数又可以表示为：

$57.6256 = 10^2 \times (0.576256)$

$-1984.043 = 10^4 \times (-0.1984043)$

$0.004567 = 10^{-2} \times (0.4567)$

其中指数部分（称为"阶码"，是一个整数）用来指出实数中小数点的位置，括号内是一个纯小数（称为"尾数"）。二进制的实数表示也是这样，例如：

$1001.011 = 2^{100} \times (0.1001011)$

$-0.0010101 = 2^{-10} \times (-0.10101)$

在计算机中通常把浮点数分成阶码和尾数两部分组成，其中阶码一般用补码定点整数表示，尾数一般用补码或原码定点小数表示。阶符表示指数的符号位，阶码表示幂次，数符表示尾数的符号位，尾数表示规格化的小数值。

用科学计数法表示：$N = S \times 2^i$，其中 S 为尾数，i 为阶码。

阶符	阶码	数符	尾数

阶码用来指示尾数中的小数点应当向左或向右移动的位数；尾数表示数值的有效数字，其小数点约定在数符和尾数之间，在浮点数中数符和阶符各占一位；阶码的值随浮点数数值的大小而定，尾数的位数则依浮点数的精度要求而定。

5.2.4　字符的编码

1. 西文字符编码（ASCII 码，见附录 D）

西文字符集：由拉丁字母、数字、标点符号及一些特殊符号组成。

西文字符的编码：对字符集中每一个字符各有一个二进制编码，通常记为十进制数或十六进制数。

标准 ASCII 码——美国标准信息交换码（American Standard Code for Information Interchange）使用 7 个二进位对字符进行编码。每个 ASCII 字符以一个字节存放（8 位，最高位为 0），标准的 ASCII 字符集共有 128 个字符，其中含 96 个可打印字符（常用字母、数字、标点符号等）和 32 个控制字符。

一般要记住几个特殊字符的 ASCII 码：空格（32）、A（65）、a（97）、0（48）。

注意：数字、字母的 ASCII 码是连续的；对应大小写字母 ASCII 码相差 32。

不同类型的 ASCII 码的十进制数值由小到大的排序：数字<大写字母<小写字母

2. 汉字字符的编码

（1）我国汉字编码的国家标准：

① GB2312—80（6763 个常用简体汉字和 682 个图形符号）；

② GBK—95（21003 个汉字和 883 个图形符号）；

③ GB18030—2000（27000 多个汉字）。

（2）GB2312—80 字符集。

GB2312 构成：包括 6763 个汉字和 682 个非汉字字符。

① 一级常用汉字 3755 个，按汉语拼音排列；

② 二级常用汉字 3008 个，按偏旁部首排列；

③ 非汉字字符 682 个。

GB2312 构成一个二维平面，分成 94 行和 94 列，行号称为区号，列号称为位号，唯一标识一个汉字。

将区位码的区号和位号分别加上 32（20H），得到国标交换码；将国标码的两个字节的最高位置 1（加 128，即 80H），得到 PC 常用的机内码。汉字的区位码、国标码、机内码有如下关系：

$$国标码=区位码+2020H$$
$$机内码=国标码+8080H$$
$$机内码=区位码+A0A0H$$

汉字机内码为双字节，最高位是 1；西文字符机内码为单字节，最高位是 0。

5.2.5　数据容量计算

了解了计算机数字化处理的常识，还有另一个常识也是必须了解的，就是计算机数据容量的换算。比如常见的文件是多少 MB，硬盘的容量是多少 GB，这些都代表什么含义呢？使用计算机的人必须要了解数据容量的换算方法。

计算机中衡量数据容量的单位通常包括位（bit）、字节（Byte）、千字节（KB）、兆（MB）、吉（GB）、太（TB）。

其换算方法为：

8bit（位）=1Byte（字节）　　　二进制的一个"0"或一个"1"叫做 1bit

1024Byte（字节）=1KB

1024KB=1MB

1024MB=1GB

1024GB=1TB

也就是说，除了 1Byte=8bit 外，其余的单位换算都是 1024 倍的，这是因为计算机数据均以二进制来表示的，而 1024 恰好是 2^{10}。

特别说明：以上是计算机操作系统中计算数据容量的方法，而硬件制造商往往不是按照这个标准来计算容量的。比如硬盘容量的换算，在制造商那边通常是按照 1000 这个单位来计量的，这样应该能比较容易理解，为什么一块标称 600GB 的硬盘，在操作系统中怎么计算都不到 600GB 了。

了解了基本符号和数字信息在计算机中表示的方法之后，我们还需要知道计算机中常见的声音数据、图像数据和视频数据的处理方法。而这些数据类型，在当今已越来越成为计算机处理的主要数据类型。

5.3　音频处理基础

5.3.1　声音信息表示

1. 基本概念

声音：声音是振动波，具有振幅、周期和频率。

声音三要素：

（1）音调（高低）；

（2）音强（强弱）；

（3）音色（特质）。

声音的质量：简称音质。音质与频率范围成正比，频率范围越宽音质越好；也与音色有关，悦耳的音色、宽广的频带，能获得好音质。

声道：音源位置。

2. 声音数字化

声音信息的数字化处理，通常包括获取（合成）、编码压缩、解码还原、播放输出等过程。PC 中实现数字化声音处理的主要设备是声卡。

声音信息数字化的过程是：通过话筒来录制声音，此时得到模拟信号；然后经过取样和量化过程转换成数字信号（也叫模数 A/D 转换）；数字信号经过编码压缩得到数字化声音文件。声音的重建过程与之相反，通过解码、数模转换（D/A 转换）、插值处理、放大还原、输出等一系列过程来完成。

经过数字化处理的音频信息，便于通过计算机及其网络进行传播，具有易编辑、抗干扰等一系列优点。

3. 数字化音频的质量标准

一般由取样频率、量化位数、声道数目和压缩编码方法来确定。

如图 5-1 所示为现在最常见的 MP3 文件信息，包含了数字化声音播放时长、文件大小、位速（也叫码率，表示每秒钟播放的数据量）等。

吉祥谣.mp3

持续时间：0:03:18
类型：MP3 文件
位速：331kbps
受保护：否
大小：5.05 MB

图 5-1　MP3 文件及信息

4. 常见的声音压缩编码标准

（1）MPEG-1。MPEG-1 声音压缩编码是国际上第一个高保真声音数据压缩国际标准，它分三个层次：

① 层 1（Layer 1）：编码简单，用于数字盒式录音磁带。

② 层 2（Layer 2）：算法复杂度中等，用于数字音频广播（DAB）和 VCD 等。

③ 层 3（Layer 3）：编码复杂，用于互联网上的高质量声音传输，如 MP3 音乐，可压缩 10 倍。

（2）MPEG-2。MPEG-2 的声音压缩编码采用与 MPEG-1 声音相同的编译码器，层 1、层 2 和层 3 的结构也相同，但它能支持 5.1 声道和 7.1 声道的环绕立体声。

（3）杜比数字 AC-3（Dolby Digital AC-3）。美国杜比公司开发的多声道全频带声音编码系统，它提供的环绕立体声系统由 5 个全频带声道加一个超低音声道组成，6 个声道的信息在制作和还原过程中全部数字化，信息损失很少，细节丰富，具有真正的立体声效果，在数字电视、DVD 和家庭影院中广泛使用。

5.　关于合成声音

计算机可以合成语音，即模拟人说话的声音；也可以合成音乐。合成语音的特点是：发音清晰、语调自然、可任选说话人。合成语音现已广泛应用于文稿校对、语言学习、语音秘书、自动报警、残疾人服务、股票交易、航班动态查询等领域。

合成音乐最出名的是 MIDI（Musical Instrument Digital Interface，乐器数字接口），其本质是使用计算机文件记录乐器的乐谱，具有数据量小、易于修改的特点，其缺点是无法合成出所有各种不同的声音（例如语音），音质也不大好。

常见的声音文件格式有：WAV、MOD、MP3、RA、CDA、MID。

5.3.2　音频处理示例

1.　专业级的 Adobe Audition

Adobe Audition 是一个专业级的音频编辑和混合环境，如图 5-2 所示，由大名鼎鼎的 Adobe 公司出品，其功能特性可专为在录音室、广播设备和多媒体后期制作方面工作的音频专业人员设计，可提供先进的音频混合、编辑、控制和效果处理功能。

Adobe Audition 能够以前所未有的速度和控制能力，录制、混合、编辑和控制音频，如创建音乐，录制和混合项目，制作广播点，整理电影的制作音频，或为视频游戏设计声音。使用 Adobe Audition 可以轻松地创建您的个人录制工作室。

使用 Adobe Audition 来录制歌曲的典型流程如下：

（1）麦克风调试；

（2）噪声采样；

（3）插入伴奏；

（4）录取人声；

（5）降低噪声；

（6）效果处理；

（7）伴奏人声合并；

（8）保存合并后的音乐。

需要说明的是，使用 Adobe Audition 这一款软件来进行专业的音频处理，需要掌握比较专业的音频处理技术和良好的软件使用能力；另外，专业的硬件设备也是保障，但是专业的音频处理设备都比较昂贵。

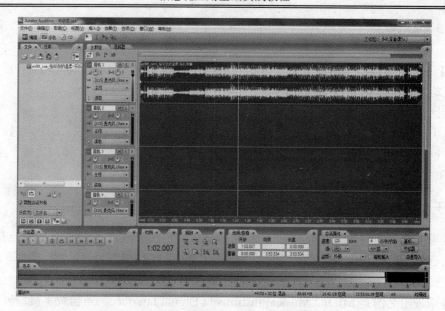

图 5-2　Adobe Audition 工作界面

2. 小巧却功能不弱的 GoldWave

GoldWave 如图 5-3 所示，是一个集声音编辑、播放、录制和转换于一身的音频工具，体积小巧，功能却不弱。可打开的音频文件相当多，包括 WAV、OGG、VOC、IFF、AIFF、AIFC、AU、SND、MP3、MAT、DWD、SMP、VOX、SDS、AVI、MOV、APE 等音频文件格式，也可以从 CD 或 VCD 或 DVD 或其他视频文件中提取声音。软件内置丰富的音频处理特效，从一般特效如多普勒、回声、混响、降噪到高级的公式计算（利用公式在理论上可以产生任何你想要的声音）均有。

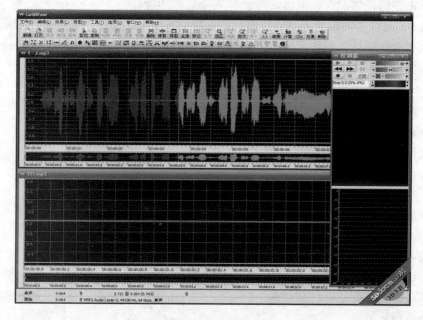

图 5-3　GoldWave

5.4 图像处理基础

5.4.1 图像信息表示

1. 基本概念

（1）图像：图像是由扫描仪、摄像机等输入设备捕捉实际的画面产生的数字图像，由像素点阵构成的位图。

（2）图像的获取：从现实世界中获得数字图像的过程。

（3）图像的获取设备：扫描仪、数码相机、数字摄像机等。

（4）图像获取的过程：实质上是模拟信号的数字化过程，它的处理步骤如下。

① 扫描：将画面划分为 $M×N$ 个网格，每个网格称为一个取样点。

② 分色：将彩色图像取样点的颜色分解成三个基色（RGB）。

③ 取样：测量每个取样点每个分量的亮度值。

④ 量化：对亮度值进行 A/D 转换，把模拟量用数字量来表示。

（5）分类：计算机中的图像从处理方式上可以分为位图和矢量图。

（6）数字图像获取设备：从现实世界获得数字图像过程中所使用的设备通称为数字图像获取设备。数字图像获取设备的功能是将现实的景物输入到计算机内并以取样图像的形式表示。

2. 图像的表示方法与主要参数

（1）图像的表示方法：一幅取样图像由 M 行×N 列个取样点组成，每个取样点称为像素（picture element，简写为 pixel）。彩色图像的像素由多个彩色分量组成，黑白图像的像素只有一个亮度值。

黑白图像：每个像素亮度取值 0 或 1。

灰度图像：每个像素亮度取值有一个范围，如 0～255。

彩色图像：每个像素分为三个分量，如 R、G、B。三个分量的取值分别有一个范围。

（2）取样图像的属性：

图像分辨率（包括垂直分辨率和水平分辨率）：图像在屏幕上的大小。

位平面的数目（矩阵的数目）：彩色分量的数目。

颜色模型：描述彩色图像所使用的颜色描述方法，也叫颜色空间的类型。常用颜色模型包括 RGB（红、绿、蓝）、CMYK（青、品红、黄、黑）、HSV（色彩、饱和度、亮度）、YUV（亮度、色度）等。

像素深度：像素的所有颜色分量的二进制位数之和，它决定了不同颜色（亮度）的最大数目。

图像数据量的计算公式（以字节为单位）：

数据量=图像水平分辨率×图像垂直分辨率×像素深度/8

3. 图像的压缩编码

由于数字图像中的数据相关性很强，数据的冗余度很大，因此对数字图像进行大幅度的数据压缩是完全可能的。而且，人眼的视觉有一定的局限性，即使压缩前后的图像有一定失真，只要限制在人眼允许的误差范围之内，也是可以的。

数据压缩可分为无损压缩和有损压缩两种类型。

常用图像文件格式如表 5-1 所示。

表 5-1　常用图像文件格式

名　　称	压缩编码方法	性　　质	典 型 应 用	开发组织/公司
BMP	RLC	无损	Windows 应用程序	Microsoft
TIF	RLC,LZW	无损	desktop publishing	Aldus，Microsoft
GIF	LZW	无损	Internet	CompuServe
JPEG	DCT，Huffman	无损/有	Internet，数码相机等	ISO/IEC
JPEG 2000	小波变换，算术编码	无损/有损	Internet，数码相机等	ISO/IEC

4. 计算机图形

计算机通过运算而产生的图形称之为矢量图，也称为面向对象的图像或绘图图像。

计算机图形学（Computer Graphics）：研究如何使用计算机描述景物并生成其图像的原理、方法与技术。

景物的建模与图像的合成过程包括：

景物的模型（model）：景物在计算机内的描述。

景物的建模（modeling）：人们进行景物描述的过程。

绘制（rendering）：也称图像合成，根据景物的模型生成图像的过程，所产生的数字图像称为计算机合成图像。

使用计算机合成图像能生成实际存在的具体景物的图像，还能生成假想或抽象景物的图像；能生成静止图像，还能生成各种运动、变化的动态图像。

计算机合成图像广泛应用于计算机辅助设计和辅助制造（CAD/CAM）、地形图、交通图、天气图、海洋图、石油开采图、作战指挥和军事训练、计算机动画和计算机艺术以及电子出版、数据处理、工业监控、辅助教学（CAI）、软件工程等领域。

常用的绘图软件包括：AutoCAD、MAPInfo、ARCInfo；微软公司的 Microsoft Visio、Word 和 PowerPoint。

5. 3D 技术

3D 是 Three Dimensions 的缩写，就是三维图形。在计算机里显示 3D 图形，就是在平面里显示三维图形。不像现实世界里，真实地存在三维空间，有真实的距离空间。计算机里只是看起来很像真实世界，因此在计算机显示的 3D 图形（如图 5-4 所示），就是让人眼看上去像真的一样。

3D（三维数字化）技术，是基于电脑/网络/数字化平台的现代工具性基础共用技术，包括 3D 软件的开发技术、3D 硬件的开发技术，以及 3D 软件、3D 硬件与其他软硬件数字化平台设备相结合在不同行业和不同需求上的应用技术。

近年来，3D 技术得到了显著的发展与普及。3D 技术的应用普及，有面向影视动画、动漫、游戏等视觉表现类的文化艺术类产品的开发和制作，有面向汽车、飞机、家电、家具等实物物质产品的设计和生产，也有面向人与环境交互的虚拟现实的仿真和摸拟等。具体讲包括：3D 软件行业、3D 硬件行业、数字娱乐行业、制造业、建筑业、虚拟现实、地理信息 GIS、3D 互联网等等。

图 5-4　3D 效果图—冰河世纪电影海报

5.4.2　图像处理示例

1．大名鼎鼎的 Photoshop

Photoshop 是 Adobe 公司（又是 Adobe 公司？没错，因为它在媒体信息处理领域实在是太有名了，你会发现许多很出名的软件原来都是这家公司的）旗下最为出名的图像处理软件之一，集图像扫描、编辑修改、图像制作、广告创意、图像输入与输出于一体的图形图像处理软件，深受广大平面设计人员和电脑美术爱好者的喜爱，以至于人们对使用 Photoshop 处理图像都简称为 PS 了。

Photoshop 系列软件（如图 5-5 所示），广泛地应用于平面设计、修复照片、广告摄影、影像创意、艺术文字、网页制作、建筑效果图后期修饰、绘画、三维贴图、婚纱照设计、视觉创意、图标制作、界面设计等各个领域。

该软件对使用者的要求是：要有比较熟练的计算机操作技术、良好的美术功底和一定的艺术创造力。

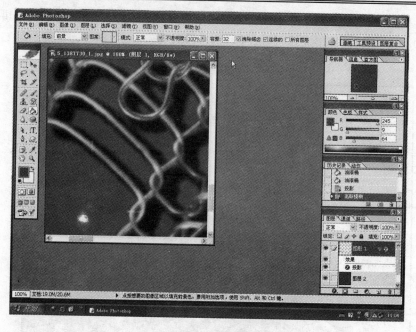

图 5-5　Photoshop 主界面

2. 大师级的绘图软件 AutoCAD

如图 5-6 所示，AutoCAD（Auto Computer Aided Design）是美国 Autodesk 公司生产的计算机辅助设计软件，用于二维绘图和基本三维设计，现已经成为国际上广为流行的绘图工具。.dwg 文件格式成为二维绘图的事实标准格式。

AutoCAD 现已广泛应用于土木建筑、装饰装潢、城市规划、园林设计、电子电路、机械设计、服装鞋帽、航空航天、轻工化工等诸多领域。

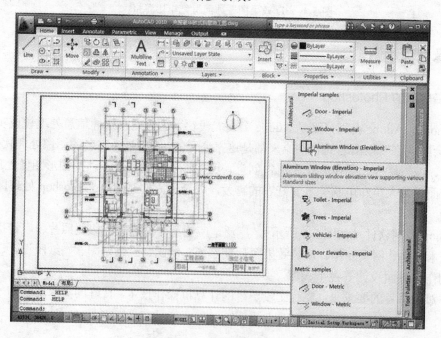

图 5-6　AutoCAD 主界面

3. 三维动画制作专家 3D MAX

如图 5-7 所示，3D Studio MAX 常简称为 3DS MAX 或 3D MAX，也是 Autodesk 公司开发的基于 PC 系统的三维动画渲染和制作软件，被广泛应用于广告、影视、工业设计、建筑设计、多媒体制作、游戏、辅助教学以及工程可视化等领域。其最出名的应用范围主要是 3D 游戏和影视特效制作。

这款软件对使用者的要求更高一些，主要是建模和渲染方面的能力。

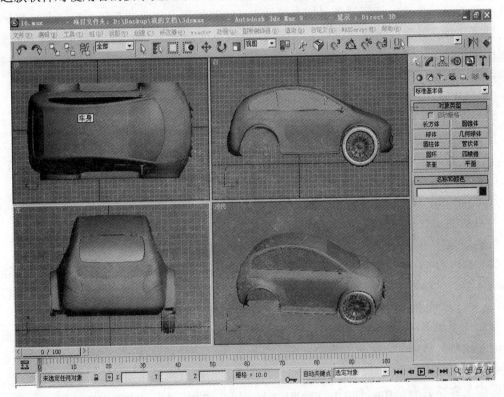

图 5-7　3D MAX 主界面

5.5　视频处理基础

5.5.1　视频信息表示

我们通常称之为视频（video）的动态图像，本质上是内容随时间变化的一个图像序列，利用人眼的视觉暂留原理，在一定的时间内（一般按秒计）连续输出内容相关联的一组图片（比如常规的电影胶片是一秒钟播放 24 幅画面；我国电视标准是 PAL 制式，每秒钟播放 25 幅画面），从而产生动态的效果。在计算机中处理的视频常见的有两种生成模式：一种是使用视频捕获设备来获取自然视频信息；另一种是由计算机合成的动画视频。在现实世界中，这两种类型的图像处理技术都会产生巨大的社会效益，比如视频经编辑处理后产生的电影、电视剧、新闻节目、动画片等。

　　在计算机内部，视频信息进行数字化处理的方法是：以一帧帧画面为单位进行分别处理，每一帧画面采用的技术与静止图像技术相同。对应的硬件设备是视频卡，在 PC 中通常就是显卡。显卡在视频处理过程中的工作是：将模拟视频信号（及伴音信号）数字化并存储在硬盘中。数字化后的视频图像，经彩色空间转换（从 YUV 转换为 RGB），与其他图像叠加，显示在屏幕上。在获取数字视频的同时，视频卡还要使用数字信号处理器（DSP）进行音频和视频数据的压缩编码。

　　常见的视频捕获设备有数字摄像头、数字摄像机、数码相机和带摄像头的手机等。这些数字化视频捕获设备性能指标通常包括有效像素、镜头类型、焦距、存储类型、存储容量等。

　　数字视频在计算机内部要进行压缩编码，以减小存储容量，输出的时候要反向进行解码以实现图像信息的还原。现行有许多视频编/解码标准，最经典的是 MPEG（Motion Picture Expert Group，运动图像专家组）系列标准。

　　（1）MPEG-1：一种运动图像及其伴音的编码标准。

　　码率：1.2Mb/s～1.5Mb/s。

　　图像质量：200 多线，相当于一般家用录像机。

　　应用：数码相机和数字摄像机，VCD。

　　（2）MPEG-2：针对数字电视（DTV）的应用要求。

　　码率：1.5Mb/s～60Mb/s 甚至更高。

　　特点：通用性，向下兼容 MPEG-1。

　　应用：数字卫星电视，高清晰度电视（HDTV）广播，数字视盘 DVD。

　　（3）MPEG-4：为视听对象编码（Coding of audio-visual objects），是针对多媒体应用的图像编码标准，一种分辨率可变的视听对象编码标准，使用的是一种新的压缩算法。支持自然的（取样）和计算机合成视频和音频，功能强，应用前景广。

　　现实计算机应用中，我们可能会看到很多不同的视频文件格式，其数量之多，简直到了令用户眼花缭乱的地步了。这些不同的视频文件标准由不同的公司或组织制定，其目的就是为了实现更高的压缩比，建立更好的图像质量，争取用户，抢占视频传播这个广阔的市场。常见的视频图像文件格式有：rm、rmvb、mpeg1～4、mov、mtv、dat、wmv、avi、3gp、amv、dmv等。

5.5.2　视频处理示例

1. 专业级视频编辑软件 Adobe Premiere

　　Adobe Premiere（如图 5-8 所示）是 Adobe 公司（又见 Adobe 公司）推出的，一款编辑画面质量比较好的视频编辑处理软件，有较好的兼容性，广泛应用于广告制作和电视节目制作中。

　　该软件主要提供对视频素材加工处理、视频素材的引用与合成、过渡效果制作、滤镜效果制作、影片基本剪辑、音效合成、运动特技应用、影视作品输出等功能。

图 5-8　Adobe Premiere 主界面

2. 傻瓜式视频编辑软件"会声会影"

会声会影（如图 5-9 所示）是友立资讯（中国台湾）推出的一款操作简单而功能强大的视频剪辑软件，具有成批转换功能与捕获格式完整的特点，特别适合非专业的、家庭娱乐式的媒体编辑处理工作。结婚回忆、宝贝成长、旅游记录、个人日记、生日派对、毕业典礼等所有美好时刻，都可轻轻松松通过会声会影剪辑出精彩创意的家庭影片，与亲朋好友一同欢乐分享。

图 5-9　会声会影主界面

　　至此，关于常规的信息处理基础知识讲述完毕。本章从信息与数据的关系开始，一步步层层深入介绍了现实世界中的各种信息元素，是如何转换成计算机可以处理的数据的过程。并对基础数制之间的计算与转换，数据的容量表示，外文符号和中文符号的表示方法，音频、图像和视频的常规表示与处理，均做了相关的介绍和说明。

　　对本章内容的深刻理解，将有助于深刻理解现实世界和信息世界的关系。

第6章 计算机维护

现代的个人计算机总的发展趋势是体积越来越轻巧，性能越来越强大，价格越来越便宜。作为耐用电子产品，通常计算机系统是不会频繁出现较大故障的。但是，个人计算机系统的使用方式又与别的电子产品不完全相同，现代人的许多工作都需要频繁地操作计算机（例如我们计算机专业人员，每天的工作都离不开它），系统要经常重启，机器本身也经常移动地点（笔记本电脑尤其如此），长时间的上网、操作等也会给系统造成很多垃圾，所以，计算机系统完全不出现问题也是基本不可能的。有些问题是硬件方面的，也有很多问题是软件方面的，如果对计算机系统的维护技术一窍不通的话，你将会发现日常工作会变得很"艰难"，因为任何一点小问题都要求助别人的日子到底是不好过的。

在以计算机技术为代表的当今信息化社会，如果不能熟练地使用计算机，基本可以算做半个"文盲"了。多少掌握一些计算机系统维护技术，将是计算机用户不得不面对的问题。这就好比开汽车，最好能掌握点常规保养技术，什么保养都不做只管踩油门的司机有几个是好司机？这样的汽车又能开多久？计算机系统的使用也是同样的道理。

计算机系统维护技术很难么？通常提高技术能力的一个途径就是经常使用计算机，这就是所谓的"熟能生巧"。你用得越多，碰到问题的几率也越大，解决问题次数越多，水平提高也越快。但是任何人都不希望在自己碰到问题的时候束手无策，下面就让我们从计算机系统组成方面来开始学习吧。

6.1 计算机系统组成

要想透彻地了解计算机系统的各种组成结构是件非常麻烦的事情，因为分类方法有很多。但是人们认识事物都是从具体到客观的这样一个规律，我们也不妨从这个规律开始，先简单看看个人计算机系统的物理分解吧。

首先我们来看看台式机，如图6-1到图6-9所示，这是前几年个人计算机的主流，近两年随着笔记本电脑性能的不断提升，价格不断降低，已经不再成为个人配置电脑的首选了。但是它还是具有空间大、扩展容易、结构稳固、价格低的特点，所以依然能成为学校机房、单位办公室和电脑发烧友的首要选择。

图6-1 主流台式机外观

图 6-2　主机箱打开后的样子

图 6-3　台式机主板

图 6-4　Intel（英特尔）CPU

图 6-5　AMD CPU

图 6-6　台式机内存

图 6-7　台式机显卡

图 6-8　台式机硬盘

图 6-9　DVD 光驱

　　上述硬件都是安装在台式机的机箱内部的，加上外在可见的显示器、键盘和鼠标，基本上就是主流台式机的主要配置了。

　　下面来看看笔记本电脑的物理分解情况，如图 6-10 到图 6-13 所示。

图 6-10　标准笔记本电脑外观

图 6-11　特殊造型笔记本

图 6-12　去掉外壳的笔记本主机部分

图 6-13　笔记本电脑完全分解图

　　从物理结构方面来讲，笔记本电脑包含的部件组成与台式机是一样的，只是由于笔记本电脑高度集成的特性要求，所以全部的部件都做得尽可能地小巧和集成化了。对于普通的计算机用户，笔记本电脑的拆解是个很难完成的工作，建议最好别自己去拆卸它。另外也由于笔记本电脑的高集成特性，所以对它的硬件进行升级也是远不如台式机方便的，通常笔记本所谓的硬件升级也就是加个内存而已。

　　以上为大家展示的是个人计算机系统中能看得见摸得着的物理设备，这就是我们常说的计算机硬件（Hardware）系统。那么，在第 1 章我们使用的操作系统，以及后面几章我们使用的 Office 算是计算机系统中的哪个部分呢？这一部分我们称之为计算机的软件（Software）系统。

　　归纳如下：计算机系统是由硬件系统和软件系统组成的，二者缺一不可。硬件系统是基础，如果失去了硬件，软件系统将无从依附；软件系统是灵魂，正是因为软件的作用，才能使硬件性能得以发挥。对于什么软件都没有安装的计算机，我们称之为"裸机"。

6.2　硬件系统

　　构成计算机系统的所有物理设备称之为计算机硬件系统，即由机械、光、电、磁器件构成的具有计算、控制、存储、输入和输出功能的实体部件。自计算机出现以来，人们就不断地开发新技术以提高计算机的性能，有些曾经主流的技术已经被淘汰，也有一些新的技术即将应用。本文所述硬件系统将以现行主流技术为介绍重点。

　　在详细了解现代计算机硬件系统之前，先向大家介绍一位在计算机发展历史中具有里程碑意义的人物，他就是现代计算机之父，美籍匈牙利人约翰·冯·诺依曼（John von Neumann，1903—1957），如图 6-14 所示。

图 6-14　冯·诺依曼

　　冯·诺依曼是 20 世纪最伟大的全才之一，他在数学、物理、经济学等方面都有极为杰出的研究成果，他最为现代人所熟知的贡献就是在发明电子计算机方面，由他提出设计思想并参与研制的世界上第一台电子计算机 ENIAC（中文名：埃尼阿克，如图 6-15 所示）于 1946 年 2 月 14 日在美国费城宾夕法尼亚大学的莫尔电机学院开始运行，从此开启了人类的计算机时代。按照冯·诺依曼体系制造的计算机也就称之为冯·诺依曼机。一直到今天，人们还在按照他的理论体系制造计算机。

　　冯·诺依曼对于计算机理论体系的贡献精髓可归纳为两点：二进制思想与存储程序控制。他基于电子元件双稳工作的特点，建议在电子计算机中采用二进制，二进制的采用极大简化了机器的逻辑线路。存储程序控制思想的核心是所有的程序预先保存在计算机上，计算机只能按照人们预先设定的程序进行工作。

　　冯·诺依曼体系约定了计算机硬件系统是由五大部分组成的，分别是运算器、控制器、存储器、输入设备和输出设备。

　　实际上，第一台计算机 ENIAC 的研究是出于军事目的。研制电子计算机的想法产生于第二次世界大战进行期间，美国军方为了研制和开发新型大炮和导弹，设立了"弹道研究实验室"，而炮弹弹道曲线的计算量是十分惊人的，在当时战争状态下，仅仅靠人工计算是完全不能满足需要的，所以需要制造更快的能自动运算的机器，电子计算机的设计想法由此产生。冯·诺依曼是当时电子计算机研制小组的顾问（他前期是参加美国原子弹研制工作的数学家），冯·诺依曼的加入在计算机研制过程中起到了里程碑的作用，他利用自己深厚的数学理论功底，对计算机的许多关键性问题的解决做出了重要贡献，从而保证了计算机的顺利问世。

图 6-15　ENIAC

世界上公认的第一台严格意义上的电子计算机 ENIAC 的一些指标：

长 30.48 米，宽 1 米，占地面积约 63 平方米（加上机器之间的空间，实际占地 170 平方米），约相当于 10 间普通房间的大小，重达 30 吨，耗电量 150 千瓦，造价 48 万美元。它包含了约 18800 个电子管，70000 个电阻器，10000 个电容器，1500 个继电器，6000 多个开关，每秒执行 5000 次加法或 400 次乘法，是当时最快的继电器计算机的 1000 倍、手工计算的 20 万倍。

自 ENIAC 出现至今，按计算机的核心部件的制造技术来划分，大体可分为如表 6-1 所示的几个阶段。

表 6-1　计算机发展阶段划分

阶段划分	时间	制造技术	性能指标	图示
第一代	1946～1957	电子管	5 千至 4 万（次/秒）	
第二代	1958～1964	晶体管	几十万至百万（次/秒）	
第三代	1965～1970	中小规模集成电路	百万至几百万（次/秒）	
第四代	1971 至今	大规模和超大规模集成电路	几百万至几亿（次/秒）	

新一代的智能计算机技术尚在研究之中，这可能是未来计算机的一个新的发展方向。现阶段计算机的特点是：运算速度和精度不断提高，存储功能更加强大，价格持续下降，个人计算机体积越来越小，巨型机系统集成度越来越高，应用范围越来越广。

在日常工作中，计算机被广泛应用于科学计算、数据处理（目前应用最广的领域）、过程检测与自动控制、计算机辅助系统、人工智能、多媒体应用等领域。

下面向大家介绍现行主流硬件常识和日常维护技术。

6.2.1　硬件常识

前面我们看到了现代个人计算机常见的物理硬件组成，也知道了冯·诺依曼体系约定的硬件系统五大部分。那么它们是如何对应的呢？简单地说就是上述的物理硬件设备一般都应该是这五大部分中的某一类。下面我们来看一下现代计算机的硬件逻辑结构图，如图 6-16 所示。

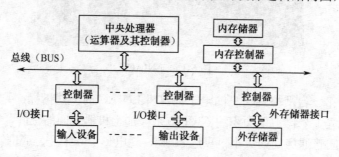

图 6-16　现代计算机硬件逻辑结构

从逻辑结构图中我们可以看出，个人计算机采用的是总线结构进行连接的，系统总线称之为 BUS，由三个部分构成，分别是数据总线（负责数据传送）、控制总线（负责传送控制指令）和地址总线（负责直接内存寻址）。这种采用总线结构方式连接的计算机系统，就像由很多管道组成的自来水系统一样，管道中水的流量（计算机系统中对应的是带宽）不是由最粗的水管决定的，而是由最细的水管决定的。与之相似的是，计算机系统同样害怕出现瓶颈设备，这将会极大地影响计算机整体的性能。举个简单的例子，假设计算机 CPU 的主频是 3GHz（这已经足够快了），而内存却是 256MB，那这样的计算机系统运行起来同样会觉得很慢。所以，计算机系统的硬件配置，最重要的是性能均衡，不要出现明显的弱项。

下面我们将前面介绍过的物理设备与计算机的逻辑体系对应起来。

（1）CPU（Central Processing Unit，中央处理器）是计算机的运算核心和控制核心，对应冯·诺依曼体系的运算器和控制器。

（2）内存储器（Memory，简称内存），因为最重要的内存其外观通常为条形卡状，也俗称内存条，对应冯·诺依曼体系的存储器（是存储器中的一种）。内存条实际上是计算机的主存（硬盘、光盘等称之为辅存），因为所有存于外部设备中的数据和程序，都要先读到内存中，再交由 CPU 处理；CPU 处理过的数据，也要先提交到内存中，再传到外部设备，所以内存性能的好坏对计算机系统有重要影响。内存通常包含三种类型，如图 6-17 所示。

我们常说的内存，如无特别说明，一般指的就是随机存储器 RAM。

特别说明：从计算机系统角度看，计算机的主机系统仅包括 CPU 和内存，其他的全部算外部设备。

内存构成
{
随机存储器（Random Access Memory）RAM：**内存条的主要制造技术。数据可反复读写，断电后其中保存的数据会丢失。**

只读存储器（Read Only Memory）ROM：**某些老式主板上的BIOS采用此技术，出厂时一次写入，通常不可改写，断电数据不丢失。**

高速缓冲存储器（Cache）：**通常说的1、2、3级缓存指的就是它，位于CPU内部，速度极快，用来协调CPU和内存速度不匹配问题。**
}

图 6-17　内存的类型

（3）I/O 设备（Input/Output，输入/输出设备），用于人与计算机之间数据的输入和输出。这种设备种类比较繁多，常见的键盘、鼠标、显示器、扫描仪、打印机、投影仪、话筒、耳机都属于 I/O 设备。

（4）外存储器（为了和内存 Memory 区别，外存通常拼写为 Storage），也叫辅助存储器，也对应冯·诺依曼体系的存储器部分。与内存相比其特点为：能长时间保存数据，断电数据不丢失。一般来说，外存相比内存：容量更大，单位容量造价更低，速度较慢。常用的外存有硬盘、U 盘、光盘等。

（5）辅助设备，这些设备不在冯·诺依曼体系的五大部分之中，但却是计算机系统运行必不可少的，比如主机箱是用来支撑各部件并实现电磁屏蔽的，电源适配器是将照明电流转换成计算机使用的电流模式的，主板更是重要的辅助设备，它最重要的功能是对各部件起连接控制作用。

下面我们对常见的计算机硬件进行详细介绍。

首先，来看一种很常见的计算机硬件配置清单，如表 6-2 所示。

表 6-2　计算机硬件配置清单

处理器	● 英特尔®酷睿™ i5 双核处理器 480M（2.66GHz，睿频可达 2.93GHz，3MB 三级高速缓存，1066 MHz 前端总线，35 瓦）
内存	● 2GB DDR3 内存
硬盘	● 640GB 硬盘（5400 转）
光驱	● DVD-SuperMulti 刻录光驱（薄型）
液晶屏	● 14 英寸超薄高清 LED 背光丽镜宽屏（1366×768）
显卡核心	● ATI Mobility Radeon™ HD 6550M 独立显示芯片
显存	● 1GB DDR3 独立显存
无线模块	● 802.11a/b/g/N 无线模块
蓝牙模块	● 标配蓝牙 3.0 模块
摄像头	● 标配 130 万像素高级摄像头
电池	● 标配 6 芯锂离子电池
体积	● 342（W）×245（D）×24/28.8（H）mm
重量	● 2.11kg

续表

接口	● 多合一读卡器（SD，MMC，MS，MS PRO，xD） ● USB 2.0 接口（3 个） ● HDMI 接口 ● VGA 接口 ● 耳机/音箱/音频输出接口 ● 麦克风/音频输入接口 ● RJ-45 以太网络接口

这个清单看起来很清楚，但是各个部分的性能参数到底是什么意思呢？这个机器的整体性能是好还是坏呢？如果给你一个报价，它是否值这么多钱呢？解决以上问题，都需要对计算机硬件的常识有详细的了解。

1. CPU 常识

前面已经讲过，CPU 中文名称为中央处理器，在硬件清单中有时候也简称为处理器，是计算机的核心。衡量 CPU 性能的常见指标有主频、字长、内核数量、Cache 容量、系统前端总线频率、工作电压等。

CPU 制造工艺水平的高低实际上可以代表一个国家电子制造工业的整体水平，全世界能生产计算机使用的 CPU 的厂家有很多，最高水平的制造企业主要集中在美国。比较常见的品牌包括 Intel（英特尔，当前占有个人电脑 75%左右的市场份额）、AMD（Intel 最有挑战力的对手）、IBM（主要生产高端的非民用的 CPU，所以在个人电脑市场反而不如 Intel 知名度高）等。另外，随着近年来智能手机的流行，专门针对智能手机而开发的 CPU 也有很多，智能手机的 CPU 在不精确分类的情况下也可列入电脑范畴，比较知名的智能手机 CPU 生产厂商包括高通（QUALCOMM、美国）、德州仪器（TI、美国）、三星（韩国）、苹果（美国）等。

（1）主频：CPU 工作时的时钟频率，CPU 最重要的性能指标之一，单位是 Hz，现在主频单位已经发展到 GHz 水平，$1GHz=1000MHz=10^9Hz$。主频对计算机的运算速度有重要影响，在其他条件均相同的情况下，主频越高，运算速度越快（但请特别注意：主频不是运算速度的指标，运算速度的指标通常为 MIPS，称之为百万次每秒）。

（2）字长：CPU 在单位时间内（同一时间）能一次处理的二进制数的位数，对 CPU 的性能有重要影响。前几年主流的 CPU 的字长为 32 位，现在主流的 CPU 的字长均为 64 位。简单来说，64 位字长的机器可以用 64 位二进制位来表示控制指令、内存地址等。根据二进制的特点，理论上 64 位机最多可以表示 2^{64} 种指令、2^{64}B（字节）直接内存地址（当然还要配合 64 位的操作系统才能充分发挥性能），比 32 位机在性能上有质的飞跃。

（3）内核数量：传统的个人电脑都是单核的，也就是封装了一个 CPU 核心，由于价格和制造工艺的复杂度问题，以前只有服务器和巨型机才使用多核结构。现在随着工艺水平的提高、价格的下降，个人电脑的 CPU 采用双核已经成为主流，未来一定会向更多核心方向发展。所谓双（多）核，就是在一个 CPU 封装结构中，安放两（多）个 CPU 核心。双核不是简单的一加一等于二这么简单，它要求比较复杂的多 CPU 连接技术，随着核心数量的增加，连接难度会以几何级数增长（2010 年 11 月，中国首台千万亿次超级计算机系统"天河一号"雄居全球最快计算机系统排名第一位，它采用的通用 CPU 的数量达到了 6144 个。另外，超级计算机系统最核心的技术不是 CPU 的数量，而是系统架构），多 CPU 结构可以使得在不提高 CPU 主频

（采用半导体技术的 CPU 主频的提高现在已经接近极限了）的情况下，系统性能得到较大提升。

（4）Cache：高速缓存，封装于 CPU 内部，由于制造成本比较高，通常容量都不大。其出现的主要原因是 CPU 的速度更快、造价更高，而主存（内存）速度往往没有 CPU 快，速度也慢一些，这样有可能造成 CPU 要一直等待内存传送数据而造成 CPU "空转"，从而产生资源浪费。在 CPU 内部封装 Cache 等同于在 CPU 内部建立了一个小 "仓库"，可以把经常执行的指令和少量数据保存在这里，以方便 CPU 充分发挥运算能力。

（5）系统前端总线：前端总线是处理器与主板北桥芯片（主板上最重要的芯片组）或内存控制器之间的数据通道，其频率高低直接影响 CPU 访问内存的速度。

（6）工作电压：CPU 正常工作所需的直流电由主板提供。早期的 CPU 工作电压为 5 伏左右，前几年主流的 CPU 的工作电压为 3.5 伏左右，现在最新的 CPU 的标准电压仅需 1.6 伏（或者更低）。不要小看这区区的几伏电压的变化，由于 CPU 的工作频率实在太高，电压越高，机器的发热量就越大，耗电量也越大；所以，作为全球大量使用的电子设备，计算机核心电压的下降，对于节能降耗有重要实用意义；而且 CPU 电压的下降，对于需要电池供电、内部空间狭小、散热困难的笔记本电脑来说，更具有极大的实用价值。

2. 内存常识

内存，如图 6-6 和图 6-18 所示，作为计算机最重要的存储设备，其性能对计算机系统有重要影响。通常用户关心的内存指标包括：容量、工作频率、制式标准。

图 6-18　笔记本内存

（1）容量：现在主流内存的容量已经以 GB 为单位了，通常是一条内存 2GB 左右。容量太小的内存已经不能满足当前计算机系统的需要了，操作系统和应用软件都是越做越大，功能越来越多，这些都需要大容量内存的支持。

选配内存的时候需要注意以下几个问题：

① 内存的容量要和主板插槽个数、CPU 位数、操作系统位数相匹配。理论上 32 位机（或 32 位操作系统，如果 64 位机装 32 位的系统，同样按 32 位机对待）只能最多支持 4GB 的内存容量（计算方法：内存按字节编址，32 位机直接寻址个数为 2^{32} 个字节，换算成 GB 即可）。

② 为计算机系统额外增加内存的时候，最好选配与原有内存容量、速度均相同的型号，否则可能因为不兼容而导致机器无法启动。

（2）工作频率：内存工作时电磁振荡的时钟频率，通常以 MHz（兆赫）为单位来计量。与 CPU 的衡量指标类似，频率不是内存的速度计量单位，但通常频率越高，速度越快。现在主流的内存工作频率为 1333MHz 以上。内存的工作频率是由主板上的主芯片组来决定的。

（3）制式标准：这个概念实际上是比较宽泛的，通常可包含尺寸、芯片类型、引脚（接口的金属触点，细长条形，俗称金手指）数量、卡口位置等。

尺寸方面最明显的就是台式机和笔记本用的内存大小是不同的，台式机的要长一些。

主流芯片现在是 DDR 第三代，简称 DDR3，DDR（Double Data Rate，双倍速率同步动态随机存储器）是相对于以前的 SDRAM（Synchronous Dynamic Random Access Memory，同步动态随机存储器）而言的，简单说就是 DDR 利用了时钟上升沿和下降沿都可实现数据读写，在不改变时钟频率的情况下，读写速度是 SDRAM 的二倍。DDR3 相比前几代产品速度变得更快而工作电压却变得更低了，效能有了极大的提高。

对于引脚数量，用户不需要太多注意，金手指中间那个豁口（卡口）是为了避免用户将内存插反而设置的，不同类型的内存卡口位置都不同。一般来说凡是能正常安装到主板插槽上去的内存基本都能正常使用。

3. 主板常识

主板（Mainboard）是电脑主机中最大的一块集成电路板，是电脑中其他配件的最重要连接部件。台式机主板大多均为矩形，笔记本主板需要根据机身造型单独特别设计，多数为不规则形状。大部分主板都是采用 Intel、nVidia、VIA 的芯片组，芯片组决定了主板所支持的 CPU、显卡及内存的类型。

如图 6-3 所示为台式机所用标准主板（另有一种小尺寸的主板，称为小板或迷你板，主要用于小尺寸机箱），下面为大家简单标注一下其主要结构，如图 6-19 所示。

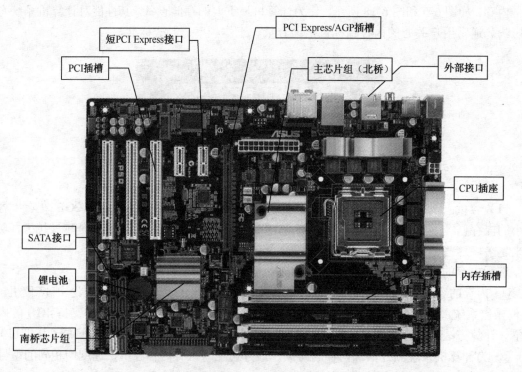

图 6-19　主板主要部件

按集成度来划分，主板通常可分为集成（一体化）主板和非集成主板两种。所谓集成主板就是大部分的功能扩展卡都使用集成芯片固化在主板上了，不需要再安装其他扩展板卡，直接安装 CPU 就能使用，这种主板具有高集成度和节省空间的优点，但也有维修不便和升级困难的缺点，主要使用在低端台式计算机中。笔记本电脑由于其空间紧凑的苛刻要求，无论低端还是高端，均采用高度集成的主板，所以笔记本电脑想进行硬件升级是非常困难的。

　　主板的构造和作用全面讲解起来比较复杂，对于普通用户而言，实际上不需要花费这么多的功夫去了解，你大概只需要知道如下这些常识：

　　（1）CPU 插座是安放 CPU 的地方，每种 CPU 必须与匹配它的插座联合使用。为了避免用户安放错误，一般 CPU 和插座对应的位置都有卡位槽来进行定位。

　　（2）内存插槽也要与对应类型的内存匹配，同样有卡位槽来避免用户安放错误。每个主板能安放的内存条数不尽相同，台式机主板通常是 4 条左右，笔记本电脑通常有两个内存插槽。

　　（3）北桥芯片是主板上最重要的芯片，通常所说的芯片组就是指的它。传统的北桥芯片负责 CPU、内存和显卡数据流量最大最快的三个部件之间的数据通信连接与控制。北桥芯片通常要覆盖散热片来散热。

　　（4）南桥芯片主要连接一些 I/O 设备，数据处理量不大。南桥芯片和北桥芯片中间再使用数据通路连接（少数特殊主板将南桥和北桥芯片集成在一起）。

　　（5）PCI Express/AGP 插槽：这是两种不同的接口标准（通常主板上仅提供某一种，接口在主板上的位置相似），都是主要为显卡提供的。AGP（Accelerated Graphics Port）是前几年主流的显卡接口标准，AGP 8X 的传输速率可达到 2.1GB/s。PCI Express 是新一代的总线接口标准，2001 年年底由 Intel、AMD、DELL、IBM 等 20 多家业界主导公司起草技术规范，2002 年完成，近一两年已经开始逐渐普及应用。用于取代 AGP 接口的 PCI Express 接口位宽为 X16（PCI Express 接口有长短不同的形状），将能够提供 5GB/s 的带宽速率。

　　（6）PCI 插槽是传统的系统总线标准，应用很广泛，即使是最新的主板上面也会保留几条 PCI 插槽，主要用来连接低速设备，比较常见的有声卡、网卡、系统还原（保护）卡等。

　　（7）SATA 接口，主要用来连接使用 SATA 接口的硬盘（或其他设备）。

　　（8）锂电池是为主板上的一种保存硬件配置信息的芯片（CMOS）供电用的，如果将电池拿下，CMOS 中被改动的信息将丢失，重新安装电池后，系统硬件配置信息会恢复到出厂状态。

　　另外，现在主流的主板通常都不需要另配声卡和有线网卡，基本上都通过芯片集成在主板上了。主板提供的对外接口（如图 6-20 所示）是用户直接接触比较多的，下面单独介绍。

　　主板提供的对外接口也称为背板接口。

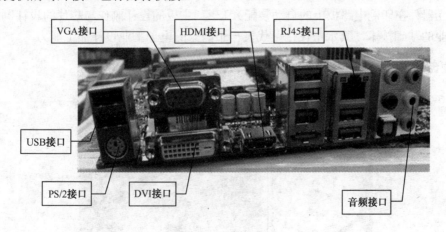

图 6-20　主板对外接口

　　每一种主板对外提供的接口都不完全相同，由主板生产时的主流应用技术特点、生产厂家风格和制作成本等方面来决定。包含了全部的接口类型的主板是不存在的。现就当前主流应用接口做简要介绍：

① VGA 接口（Video Graphics Array 接口，也叫 D-Sub 接口）：计算机最常见的标准视频输出接口，常规的显示器和投影仪的视频输入信号源都采用此接口类型。此接口由显卡提供，所输出信号为模拟信号。

② USB 接口（Universal Serial Bus，通用串行总线）：最流行和常见的计算机用户接口，现行可见到三种标准（外观上基本是一样的），USB1.1、USB2.0 和 USB3.0。每台计算机理论上最多可支持 127 个 USB 接口。USB2.0 传输速率大约为 60MB/s，逐渐开始普及的 USB3.0 理论上速度为 2.0 标准的 10 倍。USB2.0 接口还可向外提供约 5 伏电压和 100 毫安的电源负载，所以已经成为很多电子产品的标准充电接口了。USB 接口还支持热插拔。综合以上优点，就不难理解为何有如此多的设备（U 盘、移动硬盘、手机、数码相机、摄像头、扫描仪、打印机等）采用 USB 接口了。

③ PS/2 接口：一种比较老的接口标准，专用于 PS/2 接口的键盘和鼠标（现在的键盘和鼠标也基本上采用 USB 接口了），连接使用颜色区分，鼠标的接口为绿色，键盘的接口为紫色。该接口虽然接近淘汰，但现在很多主板上还至少保留一个键盘接口。

④ DVI 与 HDMI 接口：DVI 是数字视频标准接口，用于输出数字视频信号（VGA 是模拟信号）。HDMI（High Definition Multimedia Interface，高清晰度多媒体接口）是输出高清视频/音频信号的接口，可将电脑中的信号以很高的清晰度向外输出（比如将电脑中的 DVD 电影信号传输到屏幕更大的液晶电视上），从而达到极好的欣赏效果。

⑤ RJ-45 接口：就是我们俗称的网线接口，用于连接有线模式网络，接口由网卡提供。

⑥ 音频接口：也是大家很熟悉的，常见的两个接头，一个用来连接声音输出（耳机或音箱），另一个用来连接声音信号输入（话筒等），音频接口由声卡提供。

另外还有一些不常见的或者是即将（已经）被淘汰的接口，比如 1394（FireWire 火线）接口、LPT 接口（打印机专用）、COM 口等，就不再详细介绍了。

主板的制作工艺：主板的制作工艺主要依赖于三个专业方向，大体上可概括为电子信息工程（负责主板上的电子元器件，如电阻、电感、电容、二极管、三极管、芯片及电路的设计和制作）、微电子工程（负责 PCB 印制电路板的设计、加工、电镀处理等）和表面贴装（SMT，负责电子元器件在印制电路板上的自动装配）工艺。主板的设计制作与芯片的设计制作工艺都是电子行业的基础技术，其水平往往可代表一个国家的电子工业设计加工能力。

4. 硬盘常识

如图 6-21 和图 6-22 所示，为个人电脑最重要的外部（辅助）存储器。

　　　（a）拆开的台式机硬盘　　　（b）带胶垫保护的笔记本电脑硬盘

图 6-21　硬盘

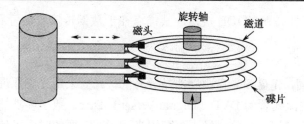

图 6-22　硬盘逻辑结构图

硬盘最重要的指标包括容量、速度、制式标准等。

（1）容量：主流个人电脑硬盘（一块）容量通常为几百个 GB 以上，1TB（1024GB）以上容量的也比较常见，硬盘可以成组使用构成硬盘组以提供更大的容量。个人电脑中常见的 C 盘、D 盘、E 盘（A 盘和 B 盘盘符由于历史原因被分配给软驱使用，现在基本废弃了）等都是从物理硬盘划分出来的逻辑区间而已。

（2）速度：硬盘的速度与内存相比要慢得多，这是因为硬盘通常是由磁性物质来保存数据的，数据查找要靠磁头进行机械定位。硬盘的速度问题也是影响现在计算机系统运行速度的重要因素，因为 CPU 和内存都是速度飞快的设备，但是要等待硬盘这个"蜗牛"来提供数据，否则计算机运行速度一定比现在通常情况下要快得多。近两年开始出现的固态硬盘是解决硬盘速度瓶颈的一个比较好的解决方案，但是由于造价等问题，短时间内固态硬盘还不大容易成为个人计算机的主流配置。

常规硬盘速度衡量指标是平均存取时间，在几 ms 至几十 ms 之间，由硬盘的旋转速度、磁头寻道时间和数据传输速率所决定。主流台式机硬盘的转速为 7200 转/每分钟，笔记本硬盘（或移动硬盘）通常采用 5400 转/每分钟的转速，高转速虽然能稍微提高一些速度，但是会带来比较大的噪声。老实说，现在市场上常见的机械式硬盘数据传输速度几乎没有太大的差别，其间的微小差距根本不是人的感觉能敏锐分辨出来的，所以大多数用户仅关心容量基本上也就够了。

（3）硬盘的制式标准：包含硬盘尺寸、接口类型等信息。主流硬盘尺寸，台式机硬盘多为 3.5 英寸，笔记本硬盘多为 2.5 英寸，少数特殊类型笔记本有采用 1.8 英寸的；移动硬盘的盘芯多数也是 2.5 英寸的，可以与笔记本电脑互换。个人电脑中比较常用的硬盘接口类型包括 IDE（ATA）和 SATA，如图 6-23 所示。IDE 接口类型是前些年的标准接口，采用一排宽线进行连接；现在主流接口类型为 SATA，使用较细的线连接。

（a）IDE 接口硬盘　　　　　　　　　（b）SATA 接口硬盘

图 6-23　硬盘接口

SATA 接口类型相比传统的 IDE 接口，其优点在于数据传输更加可靠，连线也更简单。

5. 光驱与光盘常识

与硬盘驱动器不同，光盘和光盘驱动器是分开的，光盘采用光学原理存储数据，传统的光驱是 CD 模式，现在主流配置为 DVD（Digital Versatile Disc，数字多功能光盘）标准。光驱是可选设备，有些轻薄的笔记本电脑已经不再配置光驱了，需要的时候可使用外置式光驱。光盘也属于辅助存储器。

DVD 的格式有五种标准，大多数的 DVD 驱动器都是对所有格式兼容的。最常见的单面单层的 120mm DVD 盘片容量大约为 4.5GB。按光盘是否可写入数据来分，最常见的光盘类型为两种：一种是只读式的 DVD-ROM（如果是 CD 标准则为 CD-ROM），其中的数据多为通过工厂设备预先压入，不可再次改写；另一种为可进行一次刻录的 DVD-R 盘片，可通过刻录机（许多光驱都是刻录读取一体的）将数据写入光盘。可以多次改写数据的光盘也有，称之为 DVD-RW，但是成本比较高，不是常见类型。

光盘的制式标准包括尺寸、光驱读写速率等。常见的尺寸有两种，大一些的为外径 120mm（称为 5 寸盘，约 5.25 英寸），小一些的为外径 80mm（称为 3 寸盘，约 3.5 英寸）。光驱的读写速率一般不是同一个速度，读数据的速度要快一些，DVD 标准约定单倍速的数据传输速率约为 1350KB/s。

6. 显示系统常识

个人电脑的显示系统由显卡和显示器构成。显卡也称之为显示适配器，在计算机早期阶段是没有显卡的，当时计算机的屏幕输出基本为单色字符数据，由 CPU 处理数据就能满足需要了。后来随着多媒体技术的普及应用，大量的图形图像数据需要占用大量的计算资源，此时 CPU 再"兼职"就显得力不从心了，专门用于图形图像数据处理的显卡就应运而生。在当前使用的个人电脑当中，甚至在显卡上面花费的金额要往往大于 CPU 的花费。显示器作为 PC 的标准输出设备，是用户接触最多、体验效果最明显的设备，其重要性不言而喻。

（1）显卡的性能指标：个人电脑常见的显卡为两类。一种是集成显卡，就是将显示芯片直接集成在主板上，某些集成显卡还要占用内存的空间用于图像数据处理，集成显卡的性能一般，在不注重显示效果的商务应用中比较多。另一类是独立显卡，在注重显示效果的个人应用中比较常见。某些中档以上的电脑还会配置集显/独显双模式，在电脑的不同应用环境下由操作系统来自动切换以实现最经济的能源消耗。生产集成显卡的制造商常见的有 Intel、VIA（S3）、SIS；生产个人电脑独立显卡的主流制造商有两个，分别是 ATI（AMD 公司旗下品牌，AMD 公司是唯一一家既能制造顶级 CPU 又能制造顶级独立显卡和主板芯片组的公司）、nVidia（英伟达）。

对于个人用户来说，显卡最重要指标有两个：一个是显示芯片（图型处理器-GPU），另一个是显存容量。通常同一家公司的某种型号产品，显示芯片类型是用代号来表示的，一般代号的号码越大（注意：这是通常情况，不包括有些特殊编号的产品），该芯片性能越先进。显存容量是另一个重要指标，现阶段显存的主流配置标准已经达到 1GB 以上了。

（2）显示器的性能指标：显示器作为最重要的输出设备，其性能好坏对用户有非常重要的影响。衡量显示器的性能指标有很多，有些是很专业的指标，对于普通用户来说，最常见最重要的指标包括类型、尺寸、分辨率、刷新率、色彩、亮度等。

① 显示器当前可见的类型主要有三种，分别是 CRT（阴极射线管）、LCD（液晶显示器）和 PDP（等离子显示器）。CRT 就是以前使用的那种又大又重的玻璃屏显示器，现在因为其制造成本高、污染大、辐射大、体积大等缺点，已经被市场淘汰。LCD 为当前主流，基本上所有的个人电脑显示器首选类型都是液晶显示器。等离子显示器有可能成为将来的主流，现阶段应用规模还很小。

② 尺寸的数据是指屏幕对角线的长度，一般用英寸来衡量。现在可见的屏幕尺寸很多，最小的笔记本电脑屏幕尺寸仅有 7 英寸，大的台式机的屏幕尺寸可达 20 英寸以上。通常选用屏幕尺寸要考虑的因素比较多，比如笔记本电脑的便携性、台式机屏幕与使用者之间的距离等，屏幕尺寸太大和太小都不好，建议屏幕尺寸标准为：笔记本电脑 13～14 英寸左右为黄金尺寸，可兼顾便携性与实用性；台式机 17～22 英寸为佳，太大了可能连在屏幕上找鼠标都困难了。

关于屏幕尺寸的另一个问题是，有些标称尺寸相同的屏幕，外观却有的接近方形，有的却是长条形，这是什么原因呢？这是因为屏幕尺寸是按对角线测量的，外观接近方形的屏幕，它的宽和高的比例为 4:3，这就是传统的屏幕造型，现在称之为普屏。接近长条形的是现在更加流行的宽屏，据说是更加适合人眼的观测习惯，符合人体工程学，宽屏常见的宽高比有两个标准，分别是 16：9 和 16：10，以 16：9 的比例较常见。

③ 最高分辨率是指在同一个屏幕上能支持的水平像素和垂直像素乘积的最大值，这个数据越大，说明显示器的性能越强。传统屏幕比较常见的分辨率为 1024×768，宽屏常见的分辨率为 1366×768。当然，分辨率和屏幕尺寸是相关的，屏幕尺寸越大，支持的分辨率就应该越高。

④ 刷新率：屏幕上的东西之所以能动态显示，是利用了人眼的视觉暂留现象。其基本原理是：屏幕上的所有内容，每秒钟全部快速更新许多次，因为更新太迅速，人眼无法察觉，就觉得是动态的了，这与电影胶片每秒钟放映 24 格连续的画面产生动态影片是相同的道理。屏幕每秒钟能更新的次数称之为刷新率，单位是 Hz。主流液晶屏的刷新率常规指标是 60Hz，一般不应选择低于这个指标的屏幕，否则日常应用中眼睛会快速地感觉到疲劳。

⑤ 显示器的色彩和亮度通常不是很好衡量，普通用户难以掌握专业的测量数据，再加之不同人眼的色差问题，就更难以抉择了。即使是两个基础数据相同的不同品牌显示器，因为制造厂家的风格等问题，也会产生不同的视觉效果，建议选择口碑比较好的显示器品牌。另外，当前的笔记本主流显示器，应用了一些更加先进的技术，比如 LED 背光技术、广视角技术等，可以使得当前的液晶显示器呈现出比传统的液晶显示器更加亮丽的屏幕效果、更加清晰的图像和可视角度以及更低的功耗等。

7. 网络应用设备常识

现在的个人电脑应用在很大程度上依赖计算机互联网，对于不能上网的计算机，我们就会觉得它好像没什么用了。作为支持网络应用实现的物理硬件，网络常规设备也是我们应该了解的。由于网络设备在后面的第 7 章会详细讲解，本章仅进行简要介绍。

（1）有线网卡：网卡（如图 6-24 所示）是网络适配器的简称，因为通常都做成卡状。实际上网卡有许多造型，也有适应不同网络模式的，常规的放于台式机箱内部安装在主板上的独立网卡形状如图 6-24 所示。还

图 6-24　常规有线网卡

有笔记本适用的 PC 转接口网卡、USB 转接口网卡等造型。

常规网卡一般连接双绞线网线，可提供 10/100Mbps 网络连接速度；1000Mbps 以上带宽的网卡也有，但是个人电脑配置这一标准的不多。现在的主板上大多数都集成了有线网卡，基本上不需要用户去独立购买配置了。

（2）网线：是有线上网模式的连接导线，通常局域网连接均使用双绞线。之所以叫双绞线是因为网线中有 8 根铜线，每两根按一定方式两两相绞。网线连接的接头是 RJ-45 接口，俗称水晶头，如图 6-25 所示，水晶头要插入网络连接设备（如网卡、交换机或路由器）的接口。网线按照不同的电气标准分为 5 类线、超 5 类线等，普通网络使用 5 类线就可以了。

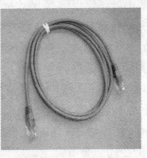

图 6-25　双绞线和水晶头

（3）无线网卡：是适用于使用无线模式进行网络连接的网络适配器，其特点为不需要导线连接，计算机可任意移动位置，不受物理线路约束。无线上网模式已经成为笔记本上网的首选。

（4）光纤设备：使用光纤进行网络连接的设备，通常包含光纤、光中继器和光电转换模块等。

（5）路由器（Router）：连接互联网中各局域网、广域网的设备，它会根据信道的情况自动选择和设定路由，以选择最佳路径，是网络中最重要的设备之一。家庭配置网络的首选就是无线路由+笔记本无线上网。

（6）交换机（Switch）：是一种用于电信号转发的网络设备。它可以为接入交换机的任意两个网络结点提供独享的电信号通路，能极大地改善网络通信质量。通常家庭用户极少使用交换机组网，单位局域网内部比较常用。

8. 其他相关设备常识

以计算机为核心，还可连接许多相关设备，下面简要介绍一下常用设备。

（1）键盘：标准输入设备，最基础的计算机硬件之一。对于计算机来说，鼠标可以没有，但是键盘是必须的。键盘造型均为直板，也有许多不同的形状和类型，如图 6-26 所示。

（2）鼠标：鼠标是随着 Windows 操作系统的出现而出现的计算机输入设备，现在已经成为标准设备。鼠标的造型和所用技术可谓是多姿多彩，如图 6-27 所示。

（3）打印机：办公中常用的标准输出设备，常见的有三类，分别是激光打印机、喷墨打印机和针式（机械式）打印机，如图 6-28 所示。针式打印机是最古老的一种打印机，但是当前还在被广泛使用，其原因是它是唯一的一种接触式打印机，可以打印多层发票等，而且故障率低，极其省墨。办公室中为了追求打印速度和打印效果，比较常用单色激光打印机。彩喷打印机和彩色激光打印机由于彩色墨盒成本比较高，只有在必要的时候才使用。

（a）标准直板键盘

（b）人体工程学无线键盘

（c）笔记本电脑键盘（正面）

（d）笔记本电脑键盘（背面）

图 6-26　键盘

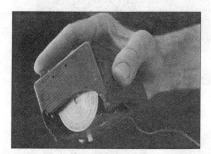
（a）第一款鼠标的原型

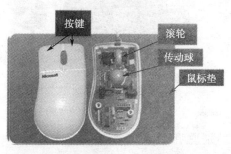
（b）机械式鼠标（现在已淘汰）

（c）标准光电鼠标

（d）无线鼠标

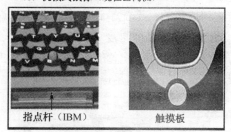
（e）近似鼠标的设备

图 6-27　鼠标

（a）针式打印机

（b）激光打印机

（c）喷墨打印机

图 6-28　打印机

（4）耳机/音箱：如图 6-29 到图 6-32 所示，输出设备，用于将声音文件进行还原以输出声音信息。通常可按声音还原效果的不同分成不同等次。声音输出设备需要与声卡联合使用，基本上现在的个人计算机已经不再装配独立声卡了，均在主板上实现了声卡集成，如图 6-29 所示。声卡质量的好坏对声音还原效果也有重要影响。

图 6-29　主板上的集成声卡芯片

图 6-30　耳机

图 6-31　外置式音箱

图 6-32　笔记本内置音箱

特别说明：由于笔记本电脑本身的功率和体积问题，笔记本电脑的内置音箱（如图 6-32 所示）先天上就不可能做得功率很大、间距很开，所以笔记本自带的音箱的音质和音量是不可能达到顶级的，选配笔记本电脑的时候这一项就不必强求了。

（5）话筒（也叫麦克风）：属于输入设备，用于将声音信息输入计算机，实现语音录入的功能。个人计算机配置的话筒（如图 6-33 所示）基本上性能都一般（原因是个人电脑通常不带功放设备），能满足语音录入即可。

（a）与耳机连接在一起的话筒

（b）台式话筒

图 6-33　话筒

另外，笔记本电脑上通常也会在屏幕的边缘处配置一个内置式话筒，外观上仅是一个小孔，这种话筒的语音录入质量也很一般，仅仅是能用罢了。

（6）摄像头：属于输入设备，用于图像的输入，可生成动态图像或捕捉静止画面（如

图 6-34 所示）。现在摄像头的图像生成质量很高，有些甚至不输于专业的录像设备。摄像头经常用于视频对话或视频会议等应用环境。摄像头的造型多种多样，有在笔记本电脑屏幕边缘集成的内置式摄像头；有需要使用数据线连接的外置式摄像头；甚至还有一些非常小巧的针孔式摄像头，在某些不良目的的应用中对社会造成了不良的影响。摄像头的性能指标通常用像素来衡量，主流产品均在百万像素以上。

（a）外置式摄像头　　　　　　　　（b）内置式摄像头

图 6-34　摄像头

　　（7）数码相机/数码摄像机：它们本身是独立的电子设备，如图 6-35 和图 6-36 所示，如果与计算机相连，则可成为输入设备，为计算机提供高品质的图像输入。它们的特点是本身即拥有相当大的存储空间，能够容纳照片或视频资料，必要的时候可将图像资料输入计算机进行保存或处理。数码相机本身拥有高品质的光学镜头，镜头后面是一种称为 CCD 的电荷耦合元件，能够将光学信号转化成数字信号进行处理。数码相机/摄像机的主要性能指标也是像素，主流产品现在均为千万像素级别。需要注意的是，光学镜头也是数码相机/摄像机的重要部件，甚至是最贵的部件，两台相同像素的相机可能会因为镜头的不同而产生非常大的成像差别。数码相机/摄像机的另一个指标是存储量，通常可以采用大容量的存储卡（相机常用）、光盘或硬盘（摄像机常用）来提供充足的存储空间。

　　（8）扫描仪：输入设备，如图 6-37 所示，经常用来将照片、文档等平面材料扫描成数字图片输入计算机进行处理，属于办公常用设备，广泛地应用于文字识别、文档编辑、出版物处理、材料归档等场所。扫描仪的技术指标通常包括扫描尺寸、扫描速度、图像分辨率、接口等。常见的扫描仪造型有平板式（家庭常用）和滚筒式（出版业常用）两种，接口现在基本上都是 USB 的。滚筒式扫描仪速度更快，家用扫描仪扫描尺寸通常为 A3 幅面。图像分辨率使用 dpi 来表示，即每英寸长度上扫描图像所含有像素点的个数，家用扫描仪分辨率标准通常为 600～2400dpi。

（a）卡片式数码相机　　　　　　　（b）单反数码相机

图 6-35　数码相机

（a）便携式数码摄像机　　　　　　（b）专业数码摄像机

图 6-36　数码摄像机

（a）平板式扫描仪　　　　　　　　（b）专业滚筒式扫描仪

图 6-37　扫描仪

9. 硬件常识总结

计算机硬件及相关设备的制造，代表了当今世界最顶尖的电子集成技术。计算机的制造牵扯的领域如此之广，技术难度如此之高，已经很难完全由某一个国家某一个公司来单独完成了，计算机硬件制造技术恰恰是当今全球一体化的典型代表。

在计算机应用体系中，计算机本身已经成为了一个连接器，将形形色色的各种设备连接在一起，构成了非常丰富的应用场景，也使得我们今天的生活变得更加方便。

6.2.2　硬件维护

硬件维护的主要作用，是在日常使用计算机的过程中，通过对计算机的正确操作和良好的保养，使得计算机系统能长时间稳定高效地运行。

众所周知，现代的计算机集成度非常高，各种零部件极其精密，如果某个硬件设备坏了，绝对不是你可以轻易通过手工操作能快速修理好的。概括起来，计算机硬件设备具有以下特点：如果能修，都是很好修理的（比如内存沾了灰尘导致的接触不良），剩下的绝大部分都是你手工无法修理的（比如 CPU 烧毁、硬盘片刮伤等）。所以，计算机硬件维护的核心工作就是日常保养技术。

计算机是典型的电子设备，电子设备对于现代人来说实在是再熟悉不过的了，我们几乎天天都在使用它们，其一般使用特性我们都是不陌生的。但实际上，根据抗恶劣环境性能的不同以及故障率控制等指标，计算机的元器件可以分为军用级、工业级和民用级这三个等级，其中，军用级计算机系统最坚固，抗恶劣环境能力最强，但成本也最高。我们日常所使用的大多数的计算机系统均为民用等级，以下所阐述的计算机硬件维护技术，均以民用等级为标准。现归纳计算机日常维护技术如下：

1. 洁净度控制

在洁净度控制指标中，最重要的就是灰尘（含粉尘）的控制。如果灰尘太多，在计算机内部风扇、主板表面、硬件接口等处堆积过多的话，容易造成散热不良、系统温度过高、线路短路、静电干扰，造成硬件烧毁等故障。洁净度的控制有两层含义：一是尽可能使得计算机日常使用环境干净清爽；二是每过一段时间要有规律地进行设备除尘。

2. 温度控制

电脑理想的工作环境温度应在 10℃～35℃之间，最合适的温度大概在 20℃～22℃左右，过高或过低都将使电脑受到损害并加速其老化，严重的情况会导致机器无法启动或自动关机。电脑应放在易于通风或空气流动的地方，寒冷的冬天或炎热的夏季，有空调的房间是更加合适的使用场所。温度控制要在平时注意如下细节：在气温比较高的时候，不要把电脑放置在阳光能直接照射到的地方；不要在使用笔记本电脑的时候将其放置在床上或被子上，这样特别容易积聚热量；可以在笔记本电脑散热不良的情况下加装带散热风扇的底座；同样也不要将笔记本电脑直接放置在膝盖上面长时间使用，可能会产生低温烫伤。

3. 湿度控制

电脑理想的工作环境相对湿度在 35%～80%之间。过分潮湿会使机器表面结露，引起电路板上的元件、触点及引线发霉或生锈，进而引起断路或短路；而空气过分干燥则容易产生静电，诱发错误信息，甚至造成元器件的损坏。电脑的工作环境要保持相对干燥，尽可能避开水和其他液体的侵蚀。在较为潮湿的环境中，将电脑每周至少要开机 2 小时，以保持电脑内部元件的干燥。

4. 震动控制

电脑中有部分设备在工作时是转动的（比如主流的机械式硬盘、光盘），如果此时有较强烈的震动（比如机器突然跌落），可能会产生物理硬件的结构性划伤，产生不可逆的损害。所以，请在电脑工作时尽可能地使其处于平稳的工作台面上。另外，较强烈的震动还可能使得计算机本身的机械构造变得松散，甚至会导致机器开裂的情况发生。尤其是笔记本电脑，在携带外出的时候，应选择带防震夹层的专用电脑包，而且包上面不能压重物。如果女士们实在希望能使用时尚的挎包来携带轻便型笔记本电脑，请在笔记本电脑外面加上一种防震防划伤的电脑包内胆，可以起到很好的防震效果。

5. 电磁环境控制

电场和磁场都会产生辐射，计算机内部本身也是很复杂的电磁环境，如果电磁辐射很强烈的话，可能会干扰计算机内部的电子元器件的正常工作，导致出现错误信息或数据破坏的情况发生。实际上，计算机本身已经在这方面做了一定的防护工作，比如台式机的主机箱外壳和笔记本电脑的底座部分基本上都是金属材质的，这样可以利用电磁屏蔽原理来防止内外电磁泄漏，但是在实际使用中还是要尽量避免使其靠近强大的电场或磁场环境，以免计算机系统受到损害。

6. 人为因素控制

人为因素是所有硬件维护技术中最不是"技术"的技术，也是最重要的"技术"，本质上就是每个人的使用习惯问题。良好的计算机使用习惯可以保证系统更加安全稳定地运行，而不良的习惯只能使计算机的使用寿命缩短。在日常使用计算机的时候，注意养成如下习惯：经常擦拭机器，使其保持清洁干爽；尽量不要将饼干渣等小物体嵌入键盘按键缝隙中；不要将牛奶、茶叶水等溅到键盘上或屏幕上；不要将光盘长时间一直放置在光驱中；不要在掀开笔记本屏幕的时候用一只手拉屏幕的一个顶角，如果只想用一只手开合屏幕，请掀屏幕边框的中间位置；不要关机后马上重启，请等待至少 10 秒钟以后再启动。

其余的细节部分还有很多，这里就不一一赘述了。总之，硬件维护和保养，关键看平时的意识和主观能动性了。

6.3　软　件　系　统

计算机的软件系统（Software System）是计算机系统的另一个重要部分，我们平时对计算机的操作，基本上都是通过软件系统完成的。硬件系统是计算机的基础，软件系统则是灵魂，二者相辅相成，缺一不可。硬件本身的特点就是速度快，如果没有软件，它几乎什么都干不了。当然，如果没有硬件为支撑，软件系统也将无法运行。

按作用和特性来划分，软件系统可分为系统软件和应用软件两大类别。

系统软件是指控制和协调计算机及外部设备，支持应用软件开发和运行的软件系统。系统软件的主要分类如图 6-38 所示。

系统软件

操作系统（Operating System，简称OS）：覆盖在硬件上面的第一层软件，是最重要的系统软件。

数据库管理系统（database management system，简称DBMS）：一种操纵和管理数据库的大型软件。

语言处理程序：用于将高级程序设计语言翻译成机器语言的特殊程序。

系统辅助处理程序：也称之为支持软件，用于完成某些特殊的功能，比如驱动程序、存储器格式化工具等。

图 6-38　系统软件分类

举例来说，我们常见的 Windows 系列、Linux、UNIX 和 Mac OS（用于苹果电脑）都是非常出名的操作系统；SQL Server、Oracle、DB2 和 Sybase 都是全球知名的数据库软件；而像 C、C++、Java、C#、VB、Pascal 等编程语言，更是计算机用户耳熟能详的语言处理程序。

应用软件是为了某一个特定的目的而编写的软件。这一类软件是普通用户日常接触最多的，在某种方面来说，对应用软件的熟练使用程度可以代表普通用户计算机的应用水平。

应用软件的例子不胜枚举，例如各种各样的输入法是为了实现文字录入，Office 软件是为了办公应用，QQ 软件是为了实现即时通信，而 IE 是为了网页浏览……

6.3.1　软件常识

（1）概念：英文为 Software，中国大陆和香港地区翻译为"软件"，中国台湾称之为"软体"。其本质是一系列按照特定顺序组织的计算机数据和指令的集合。

软件并不只是包括可以在计算机（这里的计算机是指广义的计算机，如智能手机也可归入广义计算机范畴）上运行的电脑程序，与这些电脑程序相关的文档一般也被认为是软件的一部分。简单地说软件就是程序（Program）加文档的集合体。

（2）软件生成：软件是由人使用某种工具（称之为软件开发工具）、利用某种程序设计语言来开发的。生产软件的商业化单位是软件公司；制作软件的人员广义上叫软件工程师（按职能可划分成许多不同的角色）；程序设计语言种类极多（Java、C/C++、VB、php、C#、Javascript 等），各有不同的特色。所有程序设计语言的根本作用都是将人的思想转化成计算机可以识别的机器程序（电信号）。

（3）软件开发流程：现在的软件越做越大，功能越来越复杂，已经很难由某（几）个人来单独完成了，而且开发的成本也越来越高，风险也越来越大。所以，大多数的软件公司在开发软件的时候都会采用工程管理的方法来控制软件的开发，相关的专业技术叫做软件工程。

软件工程约定软件的开发流程大体上包含如下过程：

① 系统分析员和用户初步了解需求，然后列出系统大的功能模块，每个大功能模块有哪些小功能模块。

② 系统分析员深入了解和分析需求，根据自己的经验和需求做出系统功能需求文档，列出相关的界面和界面功能。

③ 系统分析员和用户再次确认需求。

④ 根据确认的需求文档对每个界面或功能做系统的概要设计。

⑤ 把概要设计文档交给程序员，程序员根据所列出的功能一个一个地编写代码模块。

⑥ 测试编写好的系统。

⑦ 交付用户使用，用户使用后一个一个地确认每个功能，执行验收。

⑧ 后期维护和管理。

在实际开发过程中，会采用许多不同的开发模型来指导工作，常用的模型包括瀑布模型、快速原型模型、螺旋模型和混合模型等。

每个软件都有从需求到设计、开发、测试、发布、维护和淘汰这一系列的过程，这个过程叫做软件生命周期。

（4）法律保护：计算机软件作为一种知识产品，是受法律保护的，我国适用的法律是《计算机软件保护条例》，软件开发者可以申请软件著作权来保护自己的权益。未经版权所有人同意或授权的情况下，对其拥有著作权的作品进行复制、再分发的行为称之为盗版，盗版在国际上被公认是侵犯知识产权的违法行为。

（5）使用许可约定：软件一般都有对应的软件授权，用户必须在同意所使用软件的许可证的情况下才能够合法地使用软件。依据许可方式的不同，大致可将软件区分为以下几类：

① 专属软件：此类授权通常不允许用户随意地复制、研究、修改或散布该软件。违反此类授权通常会有严重的法律责任。传统的商业软件公司通常会采用此类授权，例如微软的Windows。专属软件的源码通常被公司视为私有财产而予以严密保护。

② 自由软件（也叫开源软件）：此类授权正好与专属软件相反，赋予用户复制、研究、修改和散布该软件的权利，并提供源码供用户自由使用，仅给予些许的其他限制。Linux、Firefox和 OpenOffice 可作为此类软件的代表。

③ 共享软件：通常可免费地取得并使用其试用版，但在功能或使用期间上受到限制。开发者会鼓励用户付费以取得功能完整的商业版本。

④ 免费软件：可免费取得和转载，但并不提供源码，也无法修改。

⑤ 公共软件：原作者已放弃权利，著作权过期或作者已经不可考究的软件，使用上无任何限制。

6.3.2　软件维护

此处所指的软件维护是指用户在使用软件的过程中，为了使软件系统安全、稳定、高效地运行而做的各种工作。

1. 软件获取

获取不同类型的软件系统所采取的方法和支出的成本是不同的。最消耗时间和费用的方式是生产定制软件，常见的如各种类型的管理信息系统、ERP 系统、集成控制系统等。有些特殊的应用系统软件可能只有你这里有需求，没有任何别的公司有现成的产品，那么你只能向软件公司定制，需要单独开发，所以付出的时间和费用成本也最高。

其次是商业通用软件，如图 6-39 和图 6-40 所示，就是软件公司为了某一类客户而开发的软件，能满足某一个范围的应用需求。这一类软件通常由软件公司根据开发成本、适用面范围等来确定价格，一般开发成本越高、适用面越小的软件价格越高。当然，有些国外公司开发的软件，即使适用面很大，但是有可能牵扯到货币汇率换算等问题，也可能使得用户觉得价格很高。

图 6-39　Windows 7　　　　　　　图 6-40　Office 2007 专业版

再次是自由软件、共享软件（如图 6-41 所示）和免费软件，通常会有许多网站可提供免费下载，下载的时候用户需要注意对应的软件版本和所适用的操作系统。常见的软件下载网站有天空软件（www.skycn.com）、华军软件园（www.onlinedown.net）、太平洋软件站（www.pc5566.com）等，这些网站的功能相似，用户可选择自己方便使用的即可。

图 6-41　WinRAR 共享版下载界面

2. 软件安装

现在常用软件的安装对非专业用户而言也不是很复杂的事情，因为很多软件都做了良好的安装程序，通常安装程序的名字为 Setup.exe，也有采用 Install.exe 的，还有一些程序就是一个安装程序图标，名字与软件本身的名字一样，直接执行即可。在安装软件的时候要看好软件说明文档，每个软件都有应用平台，也有些专业的软件需要提前安装配套支持软件才能进行安装。

特别提醒用户的是，有些软件在安装过程中有一些选项是需要你仔细去看的，可能有部分功能未必是你愿意选择的（一些软件会捆绑别的软件，如图 6-42 所示），此时可将不需要的功能去掉，否则安装程序将默认你同意该安装选项，结果就是安装了不需要的软件，然后导致操作系统臃肿，系统启动和执行速度变慢，而自己却不知道是哪里出了问题。

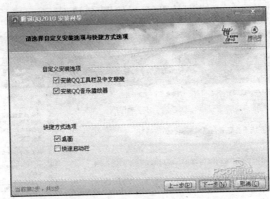

图 6-42　腾讯 QQ 安装向导界面

一些复杂的大的应用系统的安装和配置通常是由专业人员来完成的，其中需要很多的环境配置等操作，普通用户一般不需要特别了解，就不再赘述了。

3. 软件升级

软件产业是竞争非常激烈的行业，为了给用户提供更好的使用体验，留住用户的心，几乎所有的软件公司都会不断地升级软件，这对用户而言当然是好事，但是不同的软件升级方法是不尽相同的。

（1）升级频率：升级频率的高低，是衡量一个软件公司实力和态度的指标。升级频率最高的莫过于杀毒软件的病毒库了，几乎每天都要更新，以保证能识别最新的病毒。但是软件不是升级越频繁越好，如果某个公司的软件三天两头地不断升级，就会让用户感觉缺乏稳定性，认为该公司做事草率不认真，是不可靠的；反之，如果某款产品喊口号好几年了，却迟迟不见新产品出现，也容易让用户失去耐心，会觉得公司没实力，说话不算话。软件升级频率的高低有时候是软件公司和用户之间的一种心理战，平衡得好的话，会使公司不断壮大，处理不好也会使公司倒闭。现在大多数的软件公司会以年为单位来控制软件升级频率，一般的软件大约是半年或一年升级一次新版本，有些重要的软件会隔好几年才升级。降低升级频率还有利于软件公司尽可能地延续低版本软件的寿命，收回更多的效益。

（2）升级费用：不同授权模式的软件升级的花费是不同的。商业软件如果升级版本跨度不是很大的话，可以付比较少的费用来升级；如果版本跨度很大，则可能需要重新花费很高的价格来购买新的产品了。自由软件和免费软件升级通常是不需要付出费用的，因为软件本身都是免费的。

（3）升级方法：从原来的软件版本升级到新版本，常见的方法如下。

① 覆盖法：采用自动安装或手动安装的模式，将新的软件程序直接覆盖在原来的软件上面，替换掉旧有的程序即可。现在很多程序都提供在线智能检测，如果新版本出现就会提示更新；用户也可以手动检测新版本，大多数软件都将该功能放在菜单"帮助"→"检查更新"选项中。这种更新模式大多数都是覆盖法。

② 补丁法：打补丁是对原有的系统错误或不足进行补充或更正的一种方法，多见于系统性的软件，最为大家熟知的就是 Windows 系列的补丁程序了。这种升级方法是尽量不会改动原有的配置好的程序，仅仅增加新的功能代码，可有效地降低软件升级的风险。打补丁可由系统软件自身检测执行，也可由第三方软件来帮助完成，比如安全卫士 360 就会帮助用户分析和安装新的补丁程序，避免用户打上错误的补丁，如图 6-43 所示。

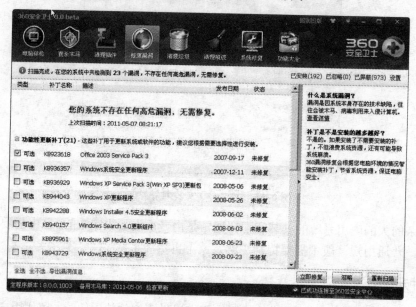

图 6-43　打补丁执行升级

③ 全新安装：当新的软件版本与原有的版本变动很大或与原来的版本有冲突时，可以将原来的软件卸载掉，然后重新执行全新安装。某些时候，当用户担心原来的程序可能会产生垃圾文件或简单的在线/补丁升级会导致软件不稳定，也可采取全新安装的方法来升级。

4. 软件清理

软件清理也属于系统清理的一部分，在第 1 章我们已经讲过，这里再次简单地提示一下。类似浏览器或播放器这一类的软件，都会在使用时留下很多的垃圾文件信息，一定要经常清理，以保证软件的运行效率。

5. 软件卸载

当某个程序不想继续使用的时候需要将其从系统中卸载掉。软件卸载不是简单地删除掉文件而已，还包括更新注册表信息等其他操作。软件常见的卸载方法包括：

（1）使用软件自身的卸载程序（通常名字为 Unstall.exe 或汉字"卸载"，如图 6-44 所示）

执行卸载。

（2）使用操作系统的卸载功能（Windows 系统在控制面板的"添加/删除程序"中）。

（3）使用第三方软件，如安全卫士 360 的"软件管家"功能。

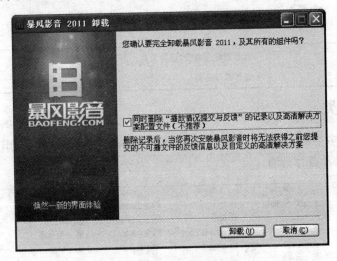

图 6-44 软件卸载

6.4 常用工具软件

普通用户对常用工具软件的熟练掌握程度，往往可以代表其计算机使用水平的高低。大家可能都有这样的感觉，就是生活中那些我们认为的计算机"高手"好像总能知道要做什么事使用哪个软件最好。下面简单地向大家介绍一些常见的工具软件的名称和作用。

6.4.1 系统辅助类

系统辅助类软件的作用就是保证计算机系统能安全、稳定、高效运行，比较常用的系统辅助类工具软件如表 6-3 所示。

表 6-3 常用的系统辅助类工具软件

名 称	Logo	作 用	特 点	近 似 软 件
安全卫士 360		系统安全、系统维护综合类软件，木马查杀、系统清理等	全面、高效	Windows 优化大师、超级兔子
驱动精灵		帮助用户识别硬件，自动安装/更新驱动程序	智能，获取驱动效率较高	驱动人生
ESET NOD32		权威的杀毒软件	轻巧、高效	卡巴斯基、Macfee、瑞星杀毒
鲁大师		硬件检测，系统运行状态检测	监测数据准确，硬件识别率高	超级兔子、硬件评测大师

名 称	Logo	作 用	特 点	近 似 软 件
Acronis Disk Director Suite（ADDS）		硬盘分区、磁盘空间划分	无损数据、快速	硬盘分区魔术师
Ghost		著名的硬盘备份/还原工具，用于操作系统备份	高效、快速	各品牌电脑自带的系统备份/还原工具

6.4.2 其他应用类

这一类软件就多得数不清了，现列出天空软件（www.skycn.com）常用软件分类列表，如图 6-45 所示，供读者自行查看。

图 6-45 常用软件列表

第7章　网络应用

7.1　网络基础

20世纪50年代，科学家开始将彼此独立发展的计算机技术与通信技术结合起来，完成了数据通信与计算机通信网络的研究，为计算机网络的出现做好了技术准备，奠定了理论基础。到20世纪60年代，美苏冷战期间，美国国防部高级研究计划署ARPA提出要研制一种崭新的网络，这就是现在计算机网络的开端。所以通常认为，现代计算机网络技术是20世纪60年代发展起来的。

所谓计算机网络，是指将地理位置不同的具有独立功能的多台计算机及其外部设备，通过通信线路连接起来，在网络操作系统、网络管理软件及网络通信协议的管理和协调下，实现资源共享和信息传递的计算机系统。

计算机网络从出现到现在，大致可以分为四个发展阶段，分别是：

第一代计算机网络——远程终端联机阶段。

第二代计算机网络——计算机网络阶段。

第三代计算机网络——计算机网络互联阶段。

第四代计算机网络——国际互联网与信息高速公路阶段。

最新的计算机网络发展方向有：结合了传感器技术的物联网技术、以手持终端为主要应用特点的移动网络应用和以分布式计算及服务为核心的"云"技术应用。

计算机组网的目的可以概括为以下几点：

（1）数据通信：使计算机之间可以相互传送数据，方便地交换信息。

（2）资源共享：用户可以共享网络中其他计算机的软件、硬件和数据资源。

（3）实现分布式信息处理：大型问题可以借助于分散在网络中的多台计算机协同完成，分散在各地各部门的用户通过网络合作完成一项共同的任务。

（4）提高计算机系统的可靠性和可用性：计算机出现故障时，网络中的计算机可以互为后备；计算机负荷过重时，可将部分任务分配给空闲的计算机。

按结构划分，计算机网络主要由以下几个部分构成：

（1）计算机、智能手机等"智能"设备。

（2）数据传输介质，如双绞线、光缆、无线电波等，用于传输数据。

（3）通信控制设备，如网卡、集线器、交换器、调制解调器、路由器等，确保通信正确、可靠、有效地进行。

（4）通信协议，共同遵循的一组规则和约定，如TCP/IP、HTTP、FTP、POP3等。

（5）网络操作系统，实现通信协议、管理网络资源等。

（6）网络应用软件，实现各种网络应用，如浏览器、电子邮件程序、QQ等。

按应用特性，可将计算机网络分类如下：

（1）按使用的传输介质可分为：有线网和无线网。

（2）按网络的使用性质可分为：公用网、专用网和虚拟专网（VPN）。

（3）按网络的使用对象可以分为：企业网、政府网、金融网、校园网等。

（4）按网络所覆盖的地域范围（如图 7-1 所示）可以分为：

① 局域网（LAN）：使用专用通信线路把较小地域范围（一幢楼房、一个楼群、一个单位或一个小区）中的计算机连接而成的网络。

② 广域网（WAN）：把相距遥远的许多局域网和计算机用户互相连接在一起的网络。

③ 城域网（MAN）：作用范围在广域网和局域网之间，其作用距离约为 5km～50km，例如一个城市范围的计算机网络。

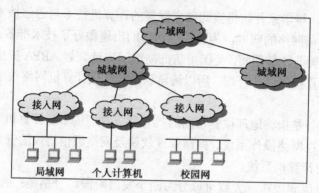

图 7-1　网络连接

在网络系统中，一些核心的、能够提供服务（含文件服务、打印服务、消息传递服务和应用服务等类型）并进行专门设计的性能较高的计算机称之为服务器（Server），而一些用来访问服务器，接收服务的终端设备称之为客户机（Client）。运行于服务器上的一种特别设计的操作系统称之为网络操作系统，也叫做服务器操作系统。

目前应用最多的主流的网络操作系统包括：

（1）UNIX 系统：特点是稳定性和安全性好，可用于大型网络。

（2）Windows 系统服务器版：如 Windows NT Server、Windows 2000 Server、Windows Server 2003 等，特点是一般用于中低档服务器。

（3）Linux 系统：特点是源代码开放，可免费得到许多应用软件

7.2　Internet 接入

Internet（因特网，也称为互联网）是目前应用最为广泛的全球信息综合网，其本质是各种网络的集合，也是一个信息资源和资源共享的集合。

作为普通用户，可以通过 Internet 获取页面浏览、电子邮件、数据搜索、资源共享、数据传输、即时通信和多媒体服务等各种各样的资源和服务。在信息化应用如此普及的今天，几乎人人都知道互联网，也有越来越多的人喜欢上互联网，所以也产生了"网民"、"网友"、"网虫"等各种称呼。

从本质上来说，有数据通信的地方就可以接入互联网，只要用户到 ISP（网络服务供应商）那里建立账号，获得通信线路，就可以不同的方式接入互联网。归纳起来，用户接入互联网的方法（如图 7-2 所示）大致如下：

● 单位用户：用户计算机接入局域网，局域网通过路由器并租用电信局的远程数据通信线路接入因特网。

● 家庭用户：通过 ADSL、光纤、无线网络等方式接入 ISP 的路由器，ISP 的路由器接入
因特网。

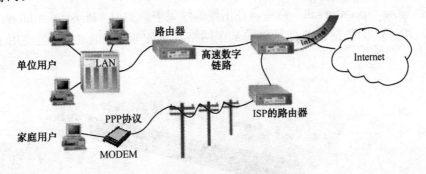

图 7-2　网络接入示意图

7.2.1　局域网接入技术

如果网络用户在单位（集团/公司/集体）内部上网，通常可以采用局域网接入技术（如
图 7-3 所示）来连接互联网。

计算机局域网（LAN）一般是指作用距离在几千米以内的计算机网络，其特点是：

● 通常为一个单位所拥有，地理范围有限；
● 使用专门铺设的传输介质进行联网；
● 数据传输速率高（10Mbps～1Gbps）、延迟时间短；
● 可靠性高、误码率低（10^{-8}～10^{-11}）。

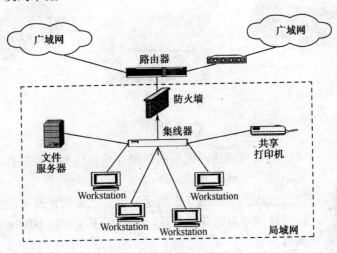

图 7-3　局域网接入

按照局域网内部计算机之间连接的方法，可以把局域网分成总线型、环形和星形三种拓扑
结构。在实践中比较常用的方法是采用星形结构进行连接，每台计算机终端单独连接一条网线，
网线的另一端与交换机（如图 7-4 所示）或路由器连接。

在局域网中，每个结点（如工作站、服务器、客户机等），都是数据传输的"源"或者"目
的地"，也就是说这些物理设备的地位都是平行的。为了相互区别不同的设备，每个结点设备
都会分配一个唯一的硬件物理地址（6 个字节长度，由以太网地址管理机构 IEEE 进行全球统

筹分配），也叫做 MAC（Medium/MediaAccess Control，介质访问控制）地址。如果想查看自己机器网络硬件的 MAC 地址，可以在 Windows 操作系统中单击"开始"菜单→"运行"，使用命令窗口，输入"ipconfig -all"命令，在出现的结果中，类似"Physical Address.........：00-23-5A-15-99-42"的数据就是你机器中某个网络设备的 MAC 地址，它是使用十六进制表示的。

图 7-4　交换机

　　每个机器可以唯一标识以后，就需要采用通信线路进行连接了。一般在通信线路中采用时分多路复用技术以提高通信带宽。在通信线路中，不允许任何结点连续传输任意长的数据，必须把要传输的数据分成小块（称为"帧"，frame），每个结点每次只传输一个帧。

　　一般在计算机中安装的网络通信控制器都制作成扁的类似卡片的形状，就是我们通常所说的网卡。网卡有多种类型（如图 7-5 所示），以适应不同类型的计算机设备。

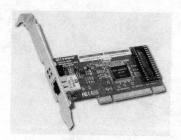　　　　

　　　（a）台式机网卡　　　　　（b）笔记本内置无线网卡　　　（c）外置式无线网卡

图 7-5　网卡

图 7-6　双绞线和 RJ-45 插头（水晶头）

　　在局域网内可采用的传输介质比较多，通常有双绞线、光纤、同轴电缆、无线信号等。

　　双绞线（如图 7-6 所示）就是上文所述的网线，是目前局域网中组网使用最多的传输介质，大量用于速率为 10Mbps 和 100Mbps 的局域网。

　　光纤主要用于速率为千兆（1Gbps）局域网和万兆（10Gbps）局域网（如图 7-7 所示）。由于现在光纤设备价格较以前下降比较多，所以在一般的局域网组网中也比较常见。

　　由无线设备组成的局域网（以 Wi-Fi 为典型代表）这几年迅速普及，已经成为网络的主要应用模式之一，在城市中，车站、机场、商店、餐厅、家庭都有广泛的应用。其原因就在于无线设备组网可以摆脱物理线路（双绞线或光纤）的羁绊，具有很好的灵活性，组网、配置和维护较容易，应用灵活自如。

图 7-7 光纤连接

无线局域网组网模式通常需要有线网络提供通信支持，然后在其中接入无线发射设备（一般为无线路由器，如图 7-8 和图 7-9 所示），就可以在一定距离（由设备发射功率和应用环境决定，通常在半径几十米，最远可达几十千米）内实现无线通信。只要终端计算机（或其他网络设备）安装有无线网卡，就可以实现网络连接。

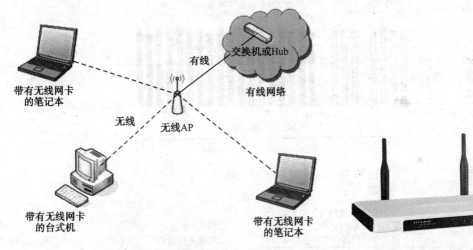

图 7-8 无线局域网连接示意图　　　　图 7-9 无线路由器

通常使用的无线局域网通信标准有：

（1）802.1X 标准（Wi-Fi），家庭、单位内部局域网组网常用。

● IEEE 802.11a：使用 5GHz 频段，传输速度 54Mbps，与 802.11b 不兼容。

● IEEE 802.11b：使用 2.4GHz 频段，传输速度 11Mbps。

● IEEE 802.11g：使用 2.4GHz 频段，传输速度主要有 54Mbps、108Mbps，可向下兼容 802.11b。

● IEEE 802.11n 草案：使用 2.4GHz 频段，传输速度可达 300Mbps，目前标准尚为草案，但产品已层出不穷。

目前 IEEE 802.11b 最常用，但 IEEE 802.11g 更具下一代标准的实力，802.11n 也在快速发展中。

（3）蓝牙（bluetooth），近距离无线数字通信的标准，是 802.11 的补充。

● 最高数据传输速率可达 1Mbps（有效传输速率为 721kbps）。

● 传输距离为 10cm～10m。

● 适合于办公室或家庭环境的无线网络。

7.2.2 家庭用户接入技术

1. ADSL

在我国，一般家庭接入互联网常采用的方法为 ADSL 接入和专线接入方式，也可采用无线接入方法（现行标准为 3G 模式）。

ADSL（Asymmetric Digital Subscriber Line，非对称数字用户线路）接入是通过本地公用电话网接入计算机网络的一种模式，其原理是频分多路复用+数字调制技术（如图 7-10 所示）。要求家庭开通固定电话，单独配置 ADSL MODEM（如图 7-11 所示），上网速率：上传 64kbps～256kbps，下行速率 1～8Mbps。其特点是：

（1）上网和通话互不影响。

（2）传输速率可根据需要进行调整。

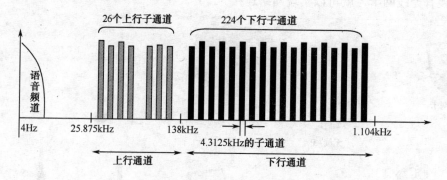

图 7-10　ADSL 工作原理示意图

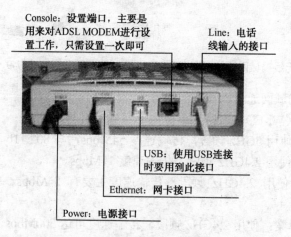

图 7-11　ADSL 调制解调器（猫）

2. 专线接入

专线接入模式（如图 7-12 所示）一般组网模式如下。

使用光纤作为计算机接入网络的主要传输介质，分为：

- 光纤到小区（FTTZ）：将光网络单元放置在小区某处，为整个小区服务。
- 光纤到大楼（FTTB）：将光网络单元放置在大楼内，以每栋楼为单位，提供高速数据通信等宽带业务。
- 光纤到家庭（FTTH）：将光网络单元放置在楼层或用户家中，由几户或 1 户家庭专用，为家庭提供宽带业务。

图 7-12　专线接入模式

3. 无线（3G）接入

第三代移动通信技术（3rd-generation，3G），是指支持高速数据传输的蜂窝移动通信技术。3G 服务能够同时传送声音及数据信息，速率一般在几百 kbps 以上。目前 3G 存在四种标准：CDMA2000、WCDMA、TD-SCDMA 和 WiMAX。我国用户使用 3G 上网可以选择三个标准，分别是 CDMA2000（由中国电信提供）、WCDMA（由中国联通提供）和 TD-SCDMA（由中国移动提供）。作为家庭上网终端设备，可选择支持 3G 模式的笔记本电脑（如图 7-13 所示）、台式机（需要使用 3G 网卡，如图 7-14 所示）或者是 3G 智能手机（如图 7-15 所示）上网。3G 无线接入模式的优点是只要有手机信号的地方就可以上网；不足之处是当下 3G 网络的速度不是很快，另外资费标准还比较高。

图 7-13　上网本

（a）外置式 3G 上网卡　　　　　　（b）内置式 3G 上网卡

图 7-14　3G 上网卡

图 7-15　3G 手机上网

7.2.3　网络互联协议

Internet 是一个巨大的网络集合，包含了全球各种各样的网络类型。为了把不同类型的网络互联成为一个巨大而统一的网络（如图 7-16 所示），允许网络中的所有计算机均可相互进行通信，必须解决以下问题：

- 所有计算机应统一编址；
- 传输的数据包格式应该统一。

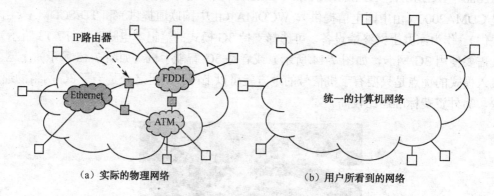

图 7-16　网络结构对照

计算机科学家制定了解决方案：统一采用 TCP/IP 协议进行网络互联。

TCP/IP 是网络互联的工业标准（另有一个国际标准化组织提出的 ISO/OSI 开放式互联网络参考模型，实际上并没有被现实应用），也是事实上的标准，它包含了 100 多个协议（称之为协议簇，如图 7-17 所示），其中 TCP（传输控制协议）和 IP（网际协议）是两个最基本、最重要的协议。

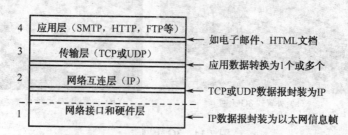

图 7-17　网络分层结构及协议簇工作模式

所谓协议，是指双方实体完成通信或服务所必须遵循的规则和约定。协议有三要素：语法，即"如何讲"，包括数据的格式、编码和信号等级（电平的高低）；语义，即"讲什么"，包括数据内容、含义以及控制信息；时序，即速率匹配和排序。

实际上，在网络通信中，为了实现不同的工作，人们制定了不同的协议标准。比较常用的有为了实现网页传输的超文本传输协议 HTTP，文件传输协议 FTP，用来发邮件的简单邮件传输协议 SMTP，收邮件的电子邮局协议第三版 POP3，域名解析协议 DNS，用于远程登录计算机的远程登录协议 Telnet 等。

有了统一的通信协议标准之后，无论计算机设备位于何种网络之中，只要采用了 TCP/IP 协议，都可以连接到互联网。在不同类型的网络之间起连接作用最常用的设备是路由器（Router），它是互联网信息化高速公路的交通枢纽。

7.2.4　主机及域名解析

因特网（互联网）是将遍布世界各地的计算机网络互联而成的一个超级计算机网络。其发展简史如下：

1969 年起源于美国国防部 ARPANET 计划（最初实现了 4 个大学互联）。

1971：扩展至 15 个结点。

1982：确定作为网络互联标准。

1991：Tim Berners-Lee 推出 World Wide Web（WWW）。

20 世纪 90 年代起，美国政府机构和公司的计算机也纷纷入网，并迅速扩大到全球约 100 多个国家和地区。

TCP/IP 协议可以实现在不同的网络中为计算机进行统一编址，这种编址方法被称为 IP 地址（在网络底层实现 IP 地址和 MAC 地址的映射）。第一个被广泛使用，构成现今互联网技术基石的协议是 IP（Internet Protocol）协议的第四个版本（简称为 IPv4，v 即 version 版本）。

IPv4 约定，互联网上的每台计算机都有一个与众不同的唯一的 IP 地址，所有地址的长度都是 32 个二进制位，最多可以表示的主机数目约为 36 亿个，IP 地址的格式由类型号、网络号和主机号 3 个部分组成。根据实际需要，IP 地址被分成了 A、B、C、D、E 五种类型（如图 7-18 所示）。

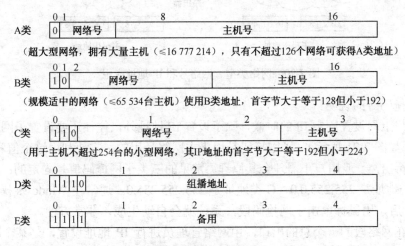

图 7-18　IPv4 地址分类

现实使用中比较常用的是 A、B、C 三类地址。

由于 IP 地址是一个 32 位的地址码，书写和记忆很不方便，所以在实际使用中是采用"点分十进制"方法来表示的：用 4 个十进制数来表示一个 IP 地址，每个十进制数对应 IP 地址中的 8 位（1 个字节，最大十进制值是 255），相互间用小数点"."隔开（如图 7-19 所示）。

点分十进制表示	二进制表示	IP 地址类型
26.10.35.48	00011010 00001010 00100011 00110000	A类地址
130.24.35.68	10000010 00011000 00100011 01000100	B类地址
202.119.23.12	11000110 01110111 00010111 00001100	C类地址

A、B、C 三类 IP 地址的十进制表示：

IP地址	首字节取值	网络号取值	举例
A类	1～126	1～126	61.155.13.142
B类	128～191	128.0～191.255	128.11.3.31
C类	192～223	192.0.0～223.255.255	202.119.36.12

图 7-19　IP 地址"点分十进制"表示

有几个 IP 地址值是特殊约定的：

- 主机号为"全 0"的 IP 地址，称为网络地址，用来表示整个网络。
- 主机号为"全 1"的 IP 地址，称为直接广播地址，指整个网络中的所有主机。
- 127.0.0.1 这个地址专门用来表示本地计算机（就是当前操作的机器）。

IP 地址在网络中具体的工作原理如图 7-20 所示。

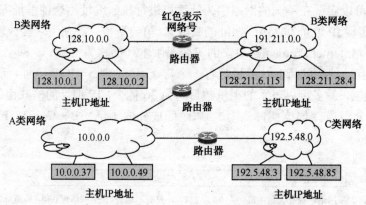

图 7-20　网络类型、网络号和 IP 地址应用

关于子网掩码等的说明：

大多数用户上网设置固定 IP 的时候，除了设置 IP 地址外，往往还要设置子网掩码、网关和 DNS 地址（如图 7-21 所示）。子网掩码是用来求网络号用的，需要利用这个值和 IP 地址进行逻辑与运算得出，一般用户不需理会其原理。常见的三类子网掩码值是固定的：A 类地址是 255.0.0.0，B 类地址是 255.255.0.0，C 类地址是 255.255.255.0。通常在 Windows 操作系统中，设置好 IP 地址后，用鼠标单击子网掩码段，系统就会自动生成，非常方便。

网关是所在网络段的一个总的出口，由网络管理员进行 IP 地址设置，是某个起网关作用的设备的地址（比如路由器），通常网络管理员喜欢将其地址设置成所在网络段的开头或结尾地址。比如，机器的 IP 是 192.168.0.45，那网关地址很可能是 192.168.0.1 或 192.168.0.254。当然，如果实在不清楚，可以去询问网管。

DNS（Domain Name System，域名解析系统）地址是一个提供 DNS 服务的设备 IP 地址。DNS 服务的作用是将网络上的主机域名（我们接下来会讲到）解释成对应的 IP，你所在的网络的 DNS 地址可以向网络管理员询问，该地址一般是由所在地区的 ISP（网络服务供应商）提供，也可能由你单位内部提供。

图 7-21　IP 设置

另外，现在很多的公共场合都提供网络服务（比如机场、酒店、饭店），在那里你也不可能找到网管，这时候怎么办呢？很简单，实际上这种公共场合都是进行动态 IP 分配的，这是由一种名为 DHCP（Dynamic Host Configuration Protocol，动态主机设置协议）的协议来提供服务的。作为用户当然不需要管这个，你只需要在如图 7-21 所示的设置界面中，将 IP 地址和 DNS 全部设置成"自动获得"就可以了。

关于 IPv6：

IPv6 是新一代 IP 地址的编址方式，现在已经启用，在新版的操作系统中已经全面支持。实际上，人们要将 IPv4 转换成 IPv6 也是不得以。究其原因，就是 IPv4 的编址数量已经不够了。理论上来说，IPv4 可以表示的机器数量多达 36 亿个，但是由于历史的原因，在世界范围内 IP 地址的分配是不平均的，因为计算机网络技术是在美国发展起来的，所以美国国内获得的 IP 地址数量远远多于任何别的国家，有一种说法，据说全中国的 IP 地址数量还没有美国的一所大学分配的多。另外，由于近年来网络技术的全球火热发展，再加上 3G 技术的广泛应用，对 IP 地址的需求大于以往任何一个时期，所以 IP 地址的消耗速度也快得惊人。全球所有可分配的 IPv4 地址已经于 2011 年 2 月 3 日（美国时间）分配完毕，这些已经分配出去的 IPv4 地址暂时还够全球使用几年，过些年后，人们必须从现有的 IPv4 地址转换到 IPv6，否则将无法进行网络连接。IPv6 的地址编写采用了 128 个二进制位，理论上说，可提供的地址数量将是 IPv4 的 8×10^{28} 倍，形象的比喻是，据说 IPv6 可以给地球上的每个沙子编上一个 IP 地址，这么多的地址数量主要是考虑到将来的应用就不需要再进行地址转换了。现在 IPv4 没有立刻转换到 IPv6 的另一个重要原因是成本，因为全球现行的所有网络设备都是基于 IPv4 设置的，将它们全部升级到 IPv6 将要花费的资金数目肯定是极其惊人的。

主机及域名解释：

我们已经知道网络上的每个设备都可以用 IP 表示，但是我们平时上网的时候并没有在浏览器地址栏输入 IP，而是输入了一串有某种含义的字符串，这是为什么呢？

实际上，在浏览器地址栏输入 IP 地址是可以上网的（当然，这仅限于网站使用固定 IP，某些大型网站，如新浪、网易等可能是动态 IP，就不容易连接成功了），比如你如果在地址栏输入 http://58.213.133.89/，就能够连接到南京信息职业技术学院的网站。但是正如你所体会到的一样，IP 地址是一串数字，实在不好记忆，对于普通用户而言，要是使用这样的方式上网简直就是一场灾难。所以互联网的主机一般都采用域名（domain name）的方式进行标识。主机 IP 地址与域名的关系：一个 IP 地址可对应多个域名，一个域名只能对应一个 IP 地址（即使是动态 IP，你某次访问的 IP 也是固定的某一个）。域名的格式就是形如新浪网的地址拼写方法：http://www.sina.com.cn。域名的解释方法是从右向左解释的，比如新浪的域名，"cn" 代表中国，"com" 代表是商业组织（"公司" 的英文单词 "company" 的简写）；"sina" 是主机名，一般为网站特有拼写方式，"www" 和 "http" 是网络协议。常见域名的含义如下：

国家或地区顶级域名：cn（中国），uk（英国），hk（中国香港），jp（日本），ca（加拿大）。

我国对二级域名的规定：

机构类别域名：ac 科研机构，com 企业，net 网络服务机构，org 非营利性组织，edu 教育机构，gov 政府部门。

行政区域域名：例如 bj 北京，sh 上海，js 江苏。

例如江苏移动分公司的域名为：

http://www.js.10086.cn/

7.3　页　面　浏　览

互联网给我们提供的服务种类非常丰富，用户使用最多的是页面浏览。使用页面浏览功能，首先要保证能连接上互联网（就是设置好 IP 地址等），然后再使用浏览器进行浏览操作。

浏览器是一种客户端软件，其作用是将网站服务器上的各种资源，按照约定的格式进行显示。浏览器需要先向服务器发送各种请求，然后对从服务器发来的超文本信息和各种多媒体数据格式进行解释、显示和播放。网页的本质是一种超文本（包含了文字、图形、图像、声音等各种媒体信息）文件，各个网页之间进行跳转是通过一种叫做 "超链接" 的技术实现的，可以实现超链接的对象需要能够在网页上看得见，常用的有文字、图片等；每一个超链接就是一个 "URL"（统一资源定位器），用来定位网络上的某种资源。比如新浪网上某个页面的 URL：http://sports.sina.com.cn/o/2011-07-25/19255674642.shtml，用户不需要去记这个地址，只需要在页面中自己感兴趣的提示文字上面单击鼠标即可。

浏览器作为直接与用户打交道的上网客户端软件，其性能的高低、界面美观与否、功能是否完备、使用是否方便都对用户的上网体验有重要影响。历史上，浏览器曾对一些知名软件公司产生重大影响，2000 年左右轰动全球的微软公司垄断案就与其有直接关系。

现在有许多大公司都在努力开发性能更加强大的浏览器工具，浏览器市场竞争可谓是群雄并起。比较知名的浏览器产品包括微软公司的 IE（如图 7-22 所示）系列版本、谷歌公司的 Chrome、Mozilla 基金会（谋智网络）与开源团体共同开发的 Firefox（中文名 "火狐"）浏览器、挪威欧普拉软件公司制造的 Opera 浏览器等，以及以它们为内核的，经过一些公司包装后的浏览器产品，如 360 安全浏览器系列、遨游浏览器、腾讯浏览器等（如图 7-23 所示）。这些浏览器都在原来内核的基础上，针对不同用户群的使用特点，进行了个性化的功能设置。个人可以根据需要选择适合自己的产品。通常浏览器都是免费软件，不需要用户付费，可以通过各种网络途径下载使用。

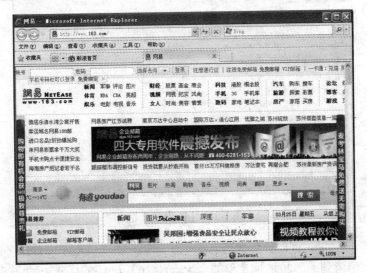

图 7-22　IE 浏览器

图 7-23　其他浏览器

7.4　电子邮件

电子邮件（electronic mail，简称 E-mail，标志@）又称电子信箱、电子邮政，它是一种用电子手段提供信息交换的通信方式（如图 7-24 所示），是 Internet 应用最广的服务之一。通过网络电子邮件系统，用户可以用非常低廉的价格（不管发送到哪里，都只需负担电话费和网费即可），以非常快速的方式（几秒钟之内可以发送到世界上任何你指定的目的地），与世界上任何一个角落的网络用户联系，这些电子邮件可以是文字、图像、声音等各种方式。

电子邮件是互联网最早提供的业务种类之一，也是公文往来应用最频繁的功能之一。

电子邮件功能是一种面向非连接的业务模式，接收信息方不需要一直在线，你发给对方的邮件，在其不在线时，可保存在对方邮件的服务器中，在对方登录后即可阅读。电子邮件功能的实现最初依赖于两个网络协议，分别是简单传输协议（Simple Mail Transfer Protocol ，SMTP，负责发邮件）和电子邮局协议（Post Office Protocol，POP，负责接收邮件，目前的版本为 POP3）。在一些提供的功能更加丰富的邮件系统中，可能还会使用 IMAP（Internet 邮件访问协议，目前的版本为 IMAP4）协议来代替 POP 协议，IMAP 协议可以提供更加灵活方便的访问功能和更高的安全性。

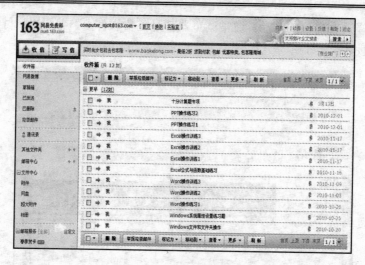

图 7-24　163 电子邮箱

　　要使用电子邮件功能，首先你需要有一个电子邮箱，在提供电子邮件服务的网站上可以很方便地注册申请，申请到的邮箱地址是形如"abcdef@163.com"的格式，@（发音类似英文"at"）符号前面的部分是收件人地址，@符号后面的部分是收件人邮箱所在的服务器域名。如果给多个人发邮件，各邮件地址间通常使用逗号进行分隔。不过，这不是统一规定的，有些邮件系统是采用分号分隔的。

　　在互联网应用不断深入发展的当今社会，电子邮件服务面貌和服务模式也发生了许多变化，可以给用户提供更加方便快捷的全面服务。具体表现包括：

　　（1）如果你申请了多个电子邮箱，并且经常需要收发电子邮件，你不需要每次都登录到网页上去进行操作，有邮件客户端软件可以帮助你轻松地实现管理。比较知名的邮件客户端软件有 Outlook、Foxmail（如图 7-25 所示）等。可以把所有的邮件地址统一加入这种软件，然后由邮件客户端软件帮助你有规律地搜索是否有新邮件到达。同时，使用这种客户端软件进行邮件阅读和回信也非常地方便。

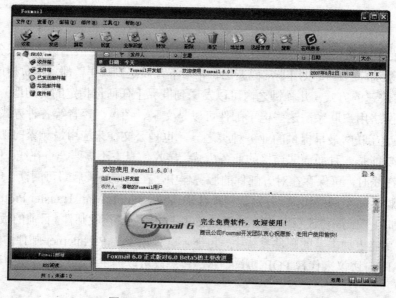

图 7-25　Foxmail 邮件客户端软件

（2）与其他账号相捆绑的邮件地址。为了方便用户记忆和使用，一些邮件系统会采用与别的账号相捆绑的方式来为用户提供邮件服务。比如有 3G 功能的手机号码就是邮箱账号，QQ号码也是邮箱账号等。

（3）多种访问模式。现在不通过电脑也可以访问电子邮件，近年来开始流行的移动网络应用为用户提供了技术支持。在你出差、旅游或者是身边没带电脑的情况下，可以通过手机等工具来访问邮箱，收发邮件。这项功能为那些经常需要移动办公的人士提供了极大的方便。

（4）邮箱集成其他服务。在现在的电子邮件系统中，已经不仅仅是提供简单的邮件收发功能了，有许多其他的应用也集成到了这里。常用的功能模块包括网盘、电子相册、博客、个人空间、讨论群等。

国内比较知名的电子邮箱包括网易 163、网易 126、搜狐邮箱、新浪邮箱、QQ 邮箱、Gmail（谷歌公司）、中国移动邮箱、中国电信邮箱、中国联通邮箱等。

7.5 搜 索 引 擎

搜索引擎有可能是最被广大互联网用户熟悉的一项网络服务了。下面举例来说明搜索引擎的作用：在日常网络应用中，我们有时候会见到这样的人，他可能记不住几个网站的域名，而仅仅是记住了一个搜索引擎的地址，所有的网络应用功能都通过搜索引擎来完成，而这并没有影响他在网上的"冲浪"。老实说，他仅记住一个搜索引擎的地址，对他常规的网络应用来说已经够用了。另一个例子就是近年来人们常听到的"人肉搜索"，简单来说，如果你在网络中留下了真实的个人信息（基本上常用网络的人是一定会留下真实信息的），通过搜索引擎将你追踪定位，可能比警察的速度都要快一些呢。

以上的例子真的能够说明搜索引擎的强大魔力，而现实世界也告诉我们，搜索引擎的强大魔力并不是空中楼阁。据 2010 年全球财富杂志统计，几个最知名的搜索引擎网络公司，比如雅虎、谷歌、百度，都进入了世界 500 强的行列。

搜索引擎原本是一项互联网应用技术，是指根据一定的策略，运用特定的计算机程序从互联网上搜集信息，在对信息进行组织和处理后，为用户提供检索服务，将用户检索相关的信息展示给用户的系统。

现在搜索引擎之所以出名，是因为我们上网几乎已经离不开它了，小到新闻检索、图片检索、音乐检索、视频检索、网站检索，大到地图检索、学术检索、个人信息检索、语言翻译等，都可以通过它实现。形象地说就是："你想知道的，它会帮你找到；你不知道的，它会告诉你。"所以才有了"内事不决问百度，外事不决问谷歌"的玩笑说法。

搜索引擎出现的一个原因就是互联网上的资源实在是太多了，多到让用户觉得快"爆炸"了，在如同汪洋大海一般的资料中找到自己需要的东西，仅仅靠人工简直是不可能完成的任务。搜索引擎就是为了解决以上的困难才应运而生的。搜索引擎通常提供目录索引和关键字索引两种索引模式。用户在查找资料的时候，不需要关心它使用哪种索引，只需要将多个信息关键字输入索引框，多个关键字之间使用空格分隔即可，剩下的事情就交给计算机去处理好了。

知名搜索引擎包括：

谷歌（如图 7-26 所示）：www.google.com

百度（如图 7-27 所示）：www.baidu.com

雅虎：www.yahoo.com.cn

搜狗（搜狐旗下）：www.sogou.com

SOSO（腾讯旗下）：www.soso.com

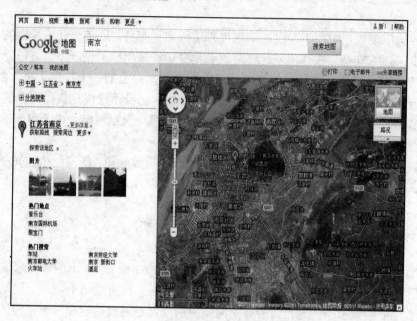

图 7-26　谷歌地图功能—南京市卫星地图

图 7-27　百度搜索引擎

7.6　资　源　共　享

　　互联网组网的本意就是资源共享。所谓资源，包含硬件、软件、数据等。通常人们可以在局域网内部实现最方便的资源共享，比如打印机等硬件设备、数据和应用程序、数据库资源等。常见的一种应用情景是，一个办公室可能有 4～5 个人，在某台计算机上连接一台打印机，然后将其设置成共享（如图 7-28 所示）后，办公室内所有人都可以通过局域网使用该打印机，如同这台打印机连接在自己的电脑中一样。

　　当然也可以使本地其他硬件共享给别的用户，比如光驱、硬盘等。如图 7-29 所示为通过远程桌面连接功能（"开始"按钮→"程序"→"附件"→"通讯"→"远程桌面连接"）实现磁盘共享的设置界面。

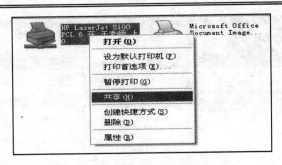

图 7-28　设置共享打印机

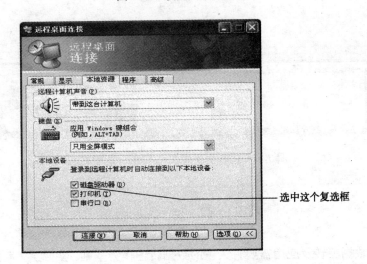

图 7-29　远程桌面连接实现磁盘共享

在互联网上可实现共享的资源种类和方式都很多。常见的方式包括：邮件服务器为企业集团员工提供的基于用户名的邮件转发、分发、抄送等服务；网络聊天中常见的如 NetMeeting 等可实现位于不同物理位置的用户之间的文字、语音、视频交流会议（如图 7-30 所示）。实时消息（例如 QQ、MSN、微博）的消息转发、群共享；P2P 文件共享（以 eMule 电驴为代表，如图 7-31 所示）；交友社区网站的人际关系推荐也属于资源共享。

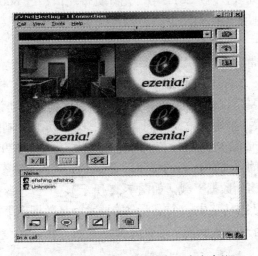

图 7-30　NetMeeting 视频共享（多人会议）

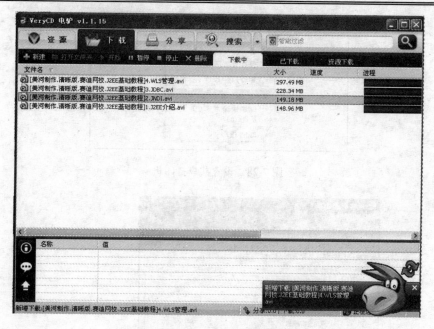

图 7-31　P2P 文件共享—eMule（电驴）

7.7　数　据　传　输

　　网络中各种数据流转及应用需要有大量的数据传输作为基础。实际上，制约我国互联网进一步深化应用的瓶颈问题就是数据传输带宽。现在我国大多数城镇居民家庭上网带宽速率为 2～4Mb/s（理论上 8Mb/s 的带宽才能达到约 1MB/S 的数据传输率），已经远远不能满足未来的信息化应用需求了。而全球高速网络应用比较好的国家，比如日本和韩国，其光纤到户（桌面通信带宽 100Mb/s）普及率已经达到 50%以上了，所以网络提速已经刻不容缓。

　　2010 年，国家工信部发布《关于推进光纤宽带网络建设的意见》，提出未来三年将对光纤宽带网络建设的投资超过 1500 亿元，新增宽带用户超过 5000 万户，并为"光进铜退"、光纤通信网络描绘出清晰的时间表，"到 2011 年，光纤宽带端口超过 8000 万，城市用户接入能力平均达到 8Mb/s 以上，农村用户接入能力平均达到 2Mb/s 以上，商业楼宇用户基本实现 100Mb/s 以上的接入能力。"

　　有了一定的数据通信带宽后，网络中的数据又是怎么流通的呢？在现行的网络体制中，数据传输主要是靠 FTP（File Transportation Protocol，文件传输协议）来实现的。为了实现不同的应用需求，有时候还需要配合使用 TCP/IP 协议簇中的其他辅助协议。常见的有 UDP（User Datagram Protocol，用户数据报协议），适用于不需要 TCP 可靠机制的情形，负载消耗资源较少；TFTP（Trivial File Transfer Protocol，简单文件传输协议），TCP/IP 协议簇中的一个用来在客户机与服务器之间进行简单文件传输的协议，提供不复杂、开销不大的文件传输服务。

　　网络中的各种应用，比如数据下载（如图 7-32 所示）、上传、音频传输、视频传输都是以数据传输为基础的。网络数据传输中一个很重要的技术就是数据压缩技术（比如第 5 章所述的音频、视频编码压缩），因为网络带宽总是有限的。

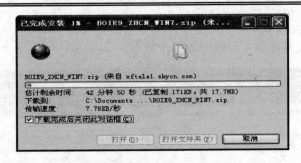

图 7-32 数据传输—文件下载

7.8 即 时 通 信

即时通信 IM（Instant Messaging）软件可能是中国网民当中最知名的一类软件了，几乎人人必备，在某些人眼中，聊天（即使用即时通信软件，比如 QQ，如图 7-33 所示）已经成了上网的代名词。

即时通信软件是一种基于互联网的即时交流软件，最初是 ICQ，也称网络寻呼机。此类软件使得人们可以运用连上 Internet 的电脑随时跟另外一个在线用户交谈，也可以通过视频看到对方的实时图像，使人们不必担心昂贵的话费而畅快交流，并工作、交流两不误。

这一类软件最早的创始人是三个以色列青年，他们于 1996 年做出来第一个产品 ICQ，中国用户最早是于 1998 年开始接触该产品。即时通信最初是由 AOL、微软、雅虎、腾讯等独立于电信运营商的即时通信服务商提供的。经过了近些年的大力发展，即时通信的功能日益丰富，逐渐集成了电子邮件、博客、电子商务、音乐、电视、游戏和搜索等多种功能。即时通信不再是一个单纯的聊天工具，它已经发展成集交流、资讯、娱乐、搜索、商务、办公协作和企业客户服务等于一体的综合化信息平台。其在中国的典型代表运营公司腾讯公司，已经发展为互联网行业最大的综合服务供应商之一，2010 年收入高达 200 亿元人民币。

现在国内最知名的即时通信软件产品有：UcSTAR、E 话通、QQ、UC、网易泡泡、盛大圈圈、阿里旺旺（如图 7-34 所示）等。

UcSTAR：深圳市擎旗信息技术有限公司推出的企业级融合通信平台；提供多种通信手段（IM 企业即时通信、文件、视频、语音、E-mail、SMS 短信中心、电话、VoIP、MSN/QQ 互通、Web 呼叫中心），融合企业的多种应用系统紧密集成（OA、CMS、ERP、EIP、Portal、网站、应用软件），交流对象和交流内容可管理、可控制、可扩展的统一工作平台。

E 话通：北京亿泰利丰网络科技有限公司开发的一款新型网络电话，提供基于互联网的多媒体通信服务。通过 E 话通不仅可与多个 E 话通用户同时进行文字、语音、视频的沟通，而且还可以与固定电话和手机进行语音交流。这种跨网通信大大提高了通信效率，节约了通信成本。

QQ：深圳市腾讯计算机系统有限公司开发的基于 Internet 的即时通信（IM）软件。支持在线聊天、视频电话、点对点断点续传文件、共享文件、网络硬盘、自定义面板、QQ 邮箱等多种功能，并可与移动通信终端（比如手机 QQ）等多种通信方式相连，在线人数现超过一亿。

UC：新浪网推出的一种网络即时聊天工具。

网易泡泡和盛大圈圈分别是网易（www.163.com）和盛大网络（www.snda.com）开发的即时聊天工具。

阿里旺旺：是淘宝和阿里巴巴（china.alibaba.com）为商人度身定做的免费网上商务沟通软件，分为淘宝版、贸易通版、口碑网版三个版本

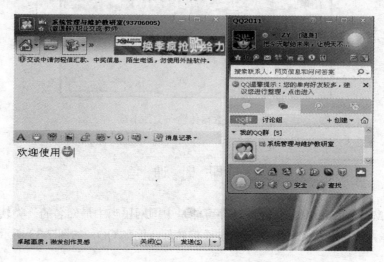

图 7-33　腾讯 QQ

图 7-34　阿里旺旺

7.9　网络多媒体

多媒体信息的主要表示方法为文字、音频、图形和图像。网络多媒体技术是指多媒体技术在网络环境中的表示、应用、传输等，是一门综合的、跨学科的技术，目前已经成为世界上发展最快和最富有活力的高新技术之一。

网络多媒体技术在日常中的应用（如图 7-35 到图 7-40 所示）主要有以下几个方面：

商业方面：包括广告（网站上充满了各种广告）、影视娱乐、医疗（远程诊断等）、旅游（风景介绍、虚拟现实等）。

生活方面：家用生活、网络杂志、博客（含微博）等。

学习方面：电子教案、网络多媒体教学、仿真教学等。

图 7-35 网络视频

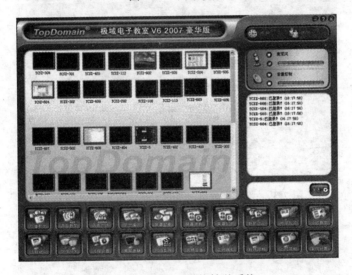

图 7-36 网络多媒体教学系统

图 7-37 网络音乐—百度音乐盒

图 7-38　网络虚拟现实技术—3D 南京

图 7-39　网络多媒体—虚拟社会（开心网农场）

图 7-40　微博

7.10　网络应用软件

　　下面向大家介绍几款常见的网络应用方面的软件。实际上，网络应用方面的软件非常多，这些只是典型代表，其余的读者可自行上网查找应用。

7.10.1　批量下载

批量下载工具是一种可以更快地从网上下载东西的软件。其之所以快是因为它们采用了"多点连接（分段下载）"技术，充分利用了网络上的多余带宽；采用"断点续传"技术，随时接续上次中止部位继续下载，有效避免了重复劳动，这大大节省了下载者的连线下载时间。

常用的批量下载工具有：

（1）通用下载类：Flashget（网际快车）；Thunder（迅雷）；emule（电驴），前面简要介绍过，这个工具对 ADSL 比较快。

（2）专用类：QQ 相册批量下载工具（专门针对腾讯 QQ 相册使用）；土豆视频批量下载工具（专门针对土豆网使用）；百度音乐批量下载工具。

下面以迅雷软件为例，简要介绍这类软件的通常使用方法。

迅雷（Thunder）批量下载工具是近年来非常流行的网络工具，可以实现多任务同时快速下载而不影响用户的其他使用。至于内在使用何等先进技术，对于普通用户来说是不需要费心了解的东西，我们只要会用就可以了。

迅雷软件也有许多版本，最新的版本是迅雷 7，比较经典的版本是迅雷 5（如图 7-41 所示）。用户可根据自己机器的情况和个人使用习惯等选择合适的版本。有时候不是最新的就一定是最好的，合适的就好。

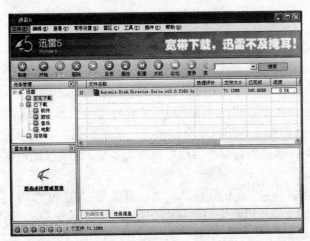

图 7-41　迅雷—主界面

下面以迅雷 5 为例来进行介绍。软件本身容量不大，下载安装即可，注意安装选项，因为现在许多软件在安装的时候会顺便安装上一些你不想安装的东西。软件安装好后，一般会在浏览器上安装一个小插件用以感知是否有下载任务，如果不喜欢（插件多了会影响浏览器速度），可以通过 360 工具等将插件清理。

软件启动：分为人工启动和自动启动两种。

人工启动就是手动将软件打开，然后建立下载任务下载。这时候会在桌面上开启一个半透明的悬浮窗口 。

自动启动是某些网站专门提供迅雷的下载链接，单击鼠标后自动打开迅雷下载。

下面以一个磁盘分区软件 Acronis Disk Director Suite（简称 ADDS）的下载为例来介绍下载过程的建立。

首先找到该软件的下载地址（通过百度搜索等），然后选择合适的链接类型，如果有迅雷专用下载就单击，这时候会弹出一个建立下载任务的窗口（如图 7-42 所示），设置好单击"确定"按钮。

图 7-42　迅雷—建立下载任务

如果没有迅雷专用链接，可能需要你手动寻找该程序的下载地址 URL，然后手动复制地址，单击迅雷主界面上的"新建"按钮，同样会出现建立下载任务对话框。

建立多个下载任务的过程都与上述一样，剩下的事情就是等待了。在下载的过程中，悬浮窗上会有各个任务下载进度的百分比提示以供用户监测下载过程。有些时候，你可能会下载多个容量比较大的文件（例如多部连续剧），你可以选择在晚上睡觉前（或下班前）建立下载任务，然后关闭计算机的显示器后交给计算机自己去下载，这样等你第二天过来检查，很可能都已经下载好了。

7.10.2　压缩/解压

人们总是希望尽可能快地在网上传送文件，但是某些时候（比如文件比较大，电子邮件带太多附件很麻烦等）你会需要用到压缩/解压缩软件。压缩/解压缩软件可以把一个大的文件（或文件夹）压缩成一个容量更小的文件，压缩后的文件容量与原始文件容量的比值称之为"压缩比"，压缩效果的好坏与原始文件的性质直接相关。通常来说，如果原始文件也是压缩类型的（比如 JPG 图片就是），压缩后的容量不会比原来的小多少（这就好比把面包做成压缩饼干会体积减小很多，而原来是压缩饼干就很难再压缩了）。

压缩软件效果的好坏与它采用的压缩算法（计算机程序的核心）有直接关系。最出名的压缩/解压缩软件是 WinRAR，使用它生成的压缩文件的扩展名就是"rar"。下面从用户使用角度来简要介绍这个软件的用法。

软件安装好后常规的操作均可以通过鼠标右键来完成。首先准备好原始文件或文件夹，然后在其上单击鼠标右键，在弹出的快捷菜单（如图 7-43 所示）中进行选择，通常都选择第二个选项来建立一个与原文件（或文件夹）同名的压缩文件。

建立好的压缩文件容量通常会比原来的小很多以方便通过网络传输。解压缩的过程与上述类似。在压缩包文件上面直接单击鼠标右键，你可以选择打开查看（这个通过鼠标双击也一样实现），也可直接选择解压缩。需要注意的是，如果压缩包中不包含文件夹，最好选择第三个选项（如图 7-44 所示），以免压缩包中文件太多，图标填满整个电脑桌面。

图 7-43　鼠标右键快捷菜单　　　　　　　图 7-44　解压缩选项

7.10.3　网络视频/音频

近些年来网络视频和音频应用如雨后春笋般层出不穷，更由于视频等多媒体信息容易被人接受和理解的特性，已经逐渐成为互联网的重要应用形式之一。下面介绍几款常用的网络视频/音频应用软件，以使大家对网络多媒体技术有所了解。

Adobe Flash Player（如图 7-45 所示）：Adobe 公司出品的一款被广泛使用的、专有的多媒体程序播放器，主要用来播放网页上嵌入的小游戏、动画以及图形用户界面等。这款软件的重要之处在于，平时你可能根本感觉不到它的存在，但是如果机器里没有安装它，那么网页上的一些动态图片就不能正常显示，有些网页交互功能也无法实现（如上文所述的开心网农场），甚至某些视频也无法打开。

这款软件是免费的，只要网上有新的版本出现，系统就会提示更新，只需确认安装即可。

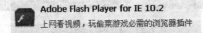

图 7-45　Adobe Flash Player

暴风影音（如图 7-46 所示）：可以说是国内最出名的视频播放器，支持网络媒体播放，内置多种解码器，几乎能播放任何格式的视频。

图 7-46　暴风影音

UUSee（如图 7-47 所示）、PPLive（如图 7-48 所示）、Sopcast、Qvod Player（快播）等在线视频（电视）播放器：这一类软件非常多，很多视频播放网站都有自己的视频播放插件，喜欢在线看电影、电视剧、电视频道的网络用户，都会根据网站的需求，安装不同的播放器。这类软件均有一个特色，就是都支持流媒体播放模式，也就是不需要下载全部文件就能播放视频，然后再一边播放一边下载，充分利用了网络特性。

千千静听、QQ 音乐播放器（如图 7-49 所示）等在线音乐播放软件：这类软件主要用于播放在线音乐，支持很多音频格式，与上述视频播放软件类似，也均支持流媒体格式。实际上，使用上述视频播放器播放音乐文件也是可以的，因为音频文件的压缩编码方法与视频编码几乎是相同的。

图 7-47　UUSee 播放器

图 7-48　PPLive 播放器

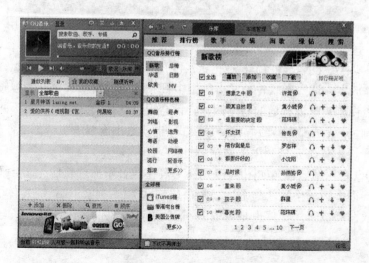

图 7-49　QQ 音乐播放器

7.10.4　图像浏览

通常在网络中浏览图片是不需要安装单独的软件的，因为浏览器最基础的功能之一就是显示图片。但是，网络上的图片量实在是太大了，如果你需要按某种分类进行检索，这时候你可以选择搜索引擎（比如百度图片或谷歌图片），也可以选择专业的图片/图像浏览软件进行专业查找（如图 7-50 所示），从而快速建立自己的图片数据库。如果你想个性化设置自己的一些照片，用 Photoshop 处理当然很好，但是那个软件太专业了，比较难学怎么办？你可以选择"傻瓜"一些的图片处理软件（如图 7-51 所示），效果同样很不错。

图 7-50　批量网站图片下载工具 PSearcher

图 7-51　"傻瓜"式图片处理软件—美图秀秀

网络应用软件的种类还有许多，更美妙的网络世界就等待各位自己去"冲浪"体会吧。

第8章 信息安全

8.1 计算机系统安全

随着计算机及网络技术与应用的不断发展，伴随而来的计算机系统安全问题越来越引起人们的关注。计算机系统一旦遭受破坏，将给用户造成重大损失，并严重影响正常工作的顺利开展。

8.2 硬件安全常识

所谓计算机硬件系统安全，是基于对计算机实体物理设备所进行的安全防护工作，包含主机和外设所有设备，也包含对计算机使用环境的安全防护工作。

8.2.1 硬件加固

对于某些安全级别要求比较高的使用环境，可能需要对计算机的硬件进行特殊的加固处理，以应付特殊情况。

加固式计算机（ruggedized computer），如图 8-1 所示，是为适应各种恶劣环境，在计算机设计时，对影响计算机性能的各种因素，如系统结构、电气特性和机械物理结构等，采取相应保护措施的计算机，又称抗恶劣环境计算机。其特点是：具有强的环境适应性、高可靠性和高可维性；较强的实时处理能力。

可以按应用环境的不同分为普通型、初级加固型、加固型和全加固型 4 种类别。

又可按计算机的使用方式分为上架式加固计算机、便携式加固计算机和嵌入式加固计算机。

经过特殊加固处理的计算机系统，可以在使用温度、湿度、抗震动、抗冲击、防水防尘、防雨淋等方面得到极大的提高。

图 8-1　加固式便携计算机

8.2.2 电磁防护

由于计算机硬件本身就是向空间辐射的强大的脉冲源，所以入侵者可以采用一定的设备，来侦听计算机辐射出来的电磁波，进行复原，获取计算机中的数据；或者采用电磁干扰技术来破坏计算机系统的正常运行。为此，计算机电磁防护工作一般可以采取两种方法来防止信息泄露，分别是包容法和抑源法。包容法是将计算机整体屏蔽起来，并在电源线和信号线上使用滤波器，抑制计算机通过空间和有关通道向外辐射和传导发射信息。抑源法（如图 8-2 所示）是在设计电路和印制电路板时，就充分考虑对泄密信息的控制，防止其辐射。包容法设计简单，造价低，但效果不及抑源法。

图 8-2 防止计算机信息泄露的干扰器

8.3 软件安全常识

软件系统安全通常有两种表现行为：一种是由于用户自身的问题造成的；另一种是外来的入侵。在实际使用中，外来入侵行为带来的危险往往占据大多数。

8.3.1 计算机病毒

所谓计算机病毒（如图 8-3 所示）是编制者在计算机程序中插入的破坏计算机功能或者破坏数据，影响计算机使用并且能够自我复制的一组计算机指令或者程序代码，其本质是一种特殊的程序。计算机病毒也是广大用户最为熟知的一种对软件系统进行破坏的行为。由于计算机病毒和杀毒软件间的悖论关系，计算机病毒一定是在能杀灭它的软件前出现，所以一旦流行，造成的影响和损失都是极其巨大的。据保守估计，近两年因计算机病毒造成的全球经济损失高达几百亿美元。蠕虫病毒、冲击波病毒、熊猫烧香病毒、灰鸽子病毒、鬼影病毒、新型的手机病毒……每一个都曾在全球造成广泛影响，使计算机用户苦不堪言，直接经济损失和精神损害都是无法估量的。所以了解和防范计算机病毒是每一个计算机用户必须掌握的知识。

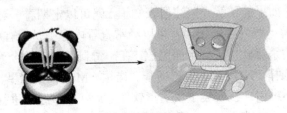

图 8-3 病毒入侵

计算机病毒具有传染性、潜伏性、隐蔽性、破坏性和不可预见性等特点。

　　计算机病毒的传播方式主要是通过磁盘和网络。在当前网络广泛普及的社会环境下，网络传播已经成为主要途径。

　　按病毒作用原理来分类，可分为系统病毒、蠕虫病毒、木马病毒、黑客病毒、脚本病毒、宏病毒、后门病毒、病毒种植程序病毒、破坏性程序病毒、玩笑病毒、捆绑机病毒等。

　　通常感染了病毒的计算机可表现出以下一些行为：

　　（1）计算机系统运行速度减慢。

　　（2）计算机系统经常无故发生死机。

　　（3）计算机存储容量异常减少。

　　（4）系统引导速度减慢。

　　（5）丢失文件或文件损坏。

　　（6）计算机屏幕上出现异常显示。

　　（7）系统不识别硬盘。

　　（8）键盘输入异常。

　　（9）文件无法正确读取、复制或打开。

　　（10）Windows 操作系统无故频繁出现错误。

　　（11）系统异常重新启动。

　　（12）一些外部设备工作异常。

　　病毒的防护依赖于用户自身的意识和良好的计算机使用习惯。在计算机日常使用中，我们应该做到如下几点：

　　（1）建立良好的安全习惯。例如，对一些来历不明的邮件及附件不要打开，不要上一些不太了解的网站，不要执行从 Internet 下载后未经杀毒处理的软件等，这些必要的习惯会使您的计算机更安全。

　　（2）关闭或删除系统中不需要的服务。默认情况下，许多操作系统会安装一些辅助服务，如 FTP 客户端、Telnet 和 Web 服务器。这些服务为攻击者提供了方便，如果不经常使用，可以关闭或删除它们，就能大大减少被攻击的可能性。

　　（3）经常升级安全补丁。据统计，有 80% 的网络病毒是通过系统安全漏洞进行传播的，像蠕虫王、冲击波、震荡波等，所以我们应该定期下载最新的安全补丁，以防范于未然。

　　（4）使用复杂的密码。有许多网络病毒就是通过猜测简单密码的方式攻击系统的，因此使用复杂的密码，将会大大提高计算机的安全系数。

　　（5）迅速隔离受感染的计算机。当您的计算机发现病毒或异常时应立刻断网，以防止计算机受到更多的感染，或者成为传播源，再次感染其他计算机。

　　（6）了解一些病毒知识。这样就可以及时发现新病毒并采取相应措施，在关键时刻使自己的计算机免受病毒破坏。如果能了解一些注册表知识，就可以定期看一看注册表的自启动项是否有可疑键值。如果了解一些内存知识，就可以经常查看内存中是否有可疑程序。

　　（7）最好安装专业的杀毒软件进行全面监控。在病毒日益增多的今天，使用杀毒软件进行防毒，是越来越经济的选择，NOD32、卡巴斯基、诺顿、Macfee、瑞星、金山毒霸、360 杀毒都是不错的杀毒软件。不过用户在安装了反病毒软件之后，应该经常进行升级、将一些主要监控经常打开（如邮件监控、内存监控），遇到问题要上报，这样才能真正保障计算机的安全。

　　（8）用户还应该安装个人防火墙软件进行防黑。由于网络的发展，用户电脑面临的黑客攻击问题也越来越严重，许多网络病毒都采用了黑客的方法来攻击用户电脑，因此，用户还应该安装个人防火墙软件，将安全级别设为中、高，这样才能有效地防止网络上的黑客攻击。

8.3.2　防火墙

防火墙（firewall）是一项协助确保信息安全的设备，会依照特定的规则，允许或是限制传输的数据通过。防火墙可以是一台专属的硬件，也可以是架设在一般硬件上的一套软件。

防火墙通常是由软件和硬件设备组合而成，在内部网和外部网之间、专用网与公共网之间的界面上构造的保护屏障，是一种获取安全性方法的形象说法。它是一种计算机硬件和软件的结合，使外网和内网之间建立起一个安全网关（Security Gateway），从而保护内部网免受非法用户的侵入。防火墙主要由服务访问规则、验证工具、包过滤和应用网关 4 个部分组成。

在个人用户层面，一般选用软件防火墙产品即可。常用的产品有天网防火墙（如图 8-4 所示）、安全卫士 360、瑞星防火墙等。在个人计算机中，经常将防火墙软件和杀毒软件配合使用，会达到比较好的防护效果。

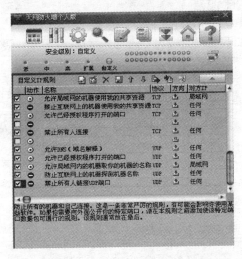

图 8-4　"天网"防火墙设置界面

8.3.3　密码保护

密码是人们享受信息服务的重要指令，它不仅关系到个人的经济利益，也关系到个人隐私，因此，计算机使用者应重视密码保护。在信息化广泛应用的今天，密码被盗、被破解，系统被入侵，账号和个人信息被盗取、被冒用的案例层出不穷，几乎每天都在发生，造成的损失和社会影响也令人唏嘘不已。

事实上，根本不存在无法被破解的密码，入侵者可以采用各种各样的手段来进行破译，比如盗号木马、暴力破解、生日/手机号/身份证号猜测、简单密码猜测（真的有些人的密码就是 6 个 8 或者是 123456）等。

在用户防护层面，有意识和主动地进行密码保护永远是第一重要的。我们要做的是使得密码盗取者在盗号的过程中付出更大的代价，使其付出远远大于回报，这样他就会知难而退；也可设置相应的机制，在密码丢失后有追回的可能。

常用的密码防护手段包括：

（1）设置的密码不要过于简单，最好是 10 位以上，且以数字+大小写字母+符号的组合形式，注意别和 ID 或者生日、QQ 号等有太近的关系。

（2）在注册新用户的同时设置密码提示问题申请密码保护（如图 8-5 所示）。

（3）为防止在网吧上网时，被人从内存提取驻留程序截获输入密码处的输入字符，建议在输入密码的时候，先输入一些字符，然后用"←"（Back Space）键删除，再重新输入，或者在输入密码的中间删除几次，最后输入。

（4）经常修改你的密码。

（5）选择含防盗号功能的安全软件。

（6）防止别人偷窥。

（7）经常使用杀毒软件有规律地进行全系统扫描。

（8）重要的系统（如网银）可采用硬件密保卡或与手机捆绑在一起。

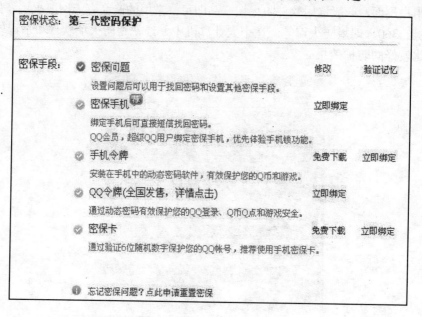

图 8-5　腾讯 QQ 密保手段

8.3.4　网络钓鱼

网络钓鱼（如图 8-6 所示，Phishing，与钓鱼的英语单词 fishing 发音相近，又名钓鱼法或钓鱼式攻击）是通过大量发送声称来自于银行或其他知名机构的欺骗性垃圾邮件，意图引诱收信人给出敏感信息（如用户名、口令、账号 ID、ATM PIN 码或信用卡详细信息）的一种攻击方式。最典型的网络钓鱼攻击是将收信人引诱到一个通过精心设计与目标组织的网站非常相似的钓鱼网站上，并获取收信人在此网站上输入的个人敏感信息。通常这个攻击过程不会让受害者警觉。它是"社会工程攻击"的一种形式。

中国互联网络信息中心联合国家互联网应急中心发布的网络信息安全状况调查报告显示，近两年来，每年有超过九成网民遇到过网络钓鱼，在遭遇过网络钓鱼事件的网民中，有 4000 万以上的人遭受了经济损失，每年损失总额高达上百亿元人民币。

个人用户防范网络钓鱼的主要方法有：

（1）提高警惕，不登录不熟悉的网站，输入网站地址的时候要校对，以防输入错误误入狼窝，细心就可以发现一些破绽。

（2）不要打开陌生人的电子邮件，更不要轻信他人说教，特别是即时通信工具上传来的消息，很有可能是病毒发出的。

（3）将敏感信息设置隐私保护，打开个人防火墙。

（4）收到不明电子邮件时不要点击其中的任何链接。登录银行网站前，要留意浏览器地址栏，如果发现网页地址不能修改，最小化 IE 窗口后仍可看到浮在桌面上的网页地址等现象，请立即关闭 IE 窗口，以免账号密码被盗。

（5）记住天上不会掉馅饼的真理，莫贪小便宜吃大亏。

图 8-6 网络钓鱼

8.3.5 间谍软件

间谍软件是一种能够在用户不知情的情况下，在其电脑上安装后门、收集用户信息的软件（如图 8-7 所示）。它能够削弱用户对其使用经验、隐私和系统安全的物质控制能力；使用用户的系统资源，包括安装在他们电脑上的程序；或者搜集、使用并散播用户的个人信息或敏感信息。

"间谍软件"其实是一个灰色区域，它是一个包罗万象的术语，包括很多与恶意程序相关的程序，而不是一个特定的类别。大多数的间谍软件定义不仅涉及广告软件、色情软件和风险软件程序，还包括许多木马程序。这一类软件是普通用户极难防范的，也是极其令人讨厌的一种类型。

某些时候，你的计算机里被植入了间谍软件你可能并不会很容易地发觉。它会在你不知情的情况下偷偷搜集你的个人隐私信息、用户数据、个人使用习惯等相关资料；甚至会偷偷打开你的摄像头进行"偷窥"，或者是劫持你的计算机成为"肉鸡"去攻击别的系统；最新出现于智能手机中的间谍软件，可以在用户不知情的情况下进行通话监听。简言之，厉害的间谍软件完全可以使你如同失去自由一般，赤裸裸地公布于光天化日之下，毫无个人隐私可言。

删除间谍软件一般需要计算机使用者具备比较熟练的操作技术，普通用户可以在日常使用中注意养成良好的操作习惯来加以防范，主要方法有：

（1）不要轻易安装共享软件或"免费软件"，这些软件里往往含有广告程序、间谍软件等不良软件，可能带来安全风险。

（2）有些间谍软件通过恶意网站安装，所以不要浏览不良网站。

（3）采用安全性比较好的网络浏览器，并注意弥补系统漏洞

图 8-7　间谍软件攻击

8.3.6　数据共享安全

计算机组成网络的重要目的就是资源共享，网络的出现改变了世界，但也带来了风险。在某种情况下，数据共享的人越多，数据越有价值，但是风险也越大。一般解决数据共享和安全的关系常采用的方法为制定数据共享策略和设置访问权限。

所谓数据共享策略就是规范在数据可共享的前提下，如何进行入侵拦截、数据与防火墙的关系、与 IP 地址/共享文件夹的关系以及访问优先级等。访问权限的设定，约定了未被授权的用户在操作系统层次上不能实行某些操作，从而实现数据的有限访问，达到保护数据的目的。

8.3.7　数据备份

数据备份是容灾的基础，是指为防止系统出现操作失误或系统故障或被入侵导致数据丢失，而将全部或部分数据集合从应用主机的硬盘或阵列复制到其他的存储介质的过程。数据备份是一种保险机制。

对于大型应用系统，用于数据保护和备份的资金投入都非常高，也均采用高质量的备份设备，比如双机热备、磁盘镜像、磁带备份等。也有很多知名的大公司提供数据备份服务，如 IBM、全球盾、赛门铁克等。

个人用户也可采用简易的数据备份手段，来防止重要数据丢失或破坏。常见的方法包括：光盘刻录、硬盘备份、网络空间备份（含邮件、网盘、云服务器等）。通常建议个人用户重要数据做至少两个备份，放在两个不同的存储介质上，防止其中的某一个丢失或损坏。

另外，可以进行备份的资料不仅仅是工作文档，也可以包括系统资料，如 Windows 注册表备份，或 Windows 操作系统本身的备份。

8.4　电子商务安全

随着 Internet 的发展，电子商务已经逐渐成为人们进行商务活动的新模式。越来越多的人通过 Internet 进行商务活动。电子商务的发展前景十分诱人，而其安全问题也变得越来越突出。

如何建立一个安全、便捷的电子商务应用环境，对信息提供足够的保护，已经成为商家和用户都十分关心的话题。

8.4.1　安全措施

电子商务的一个重要技术特征是利用 IT 技术来传输和处理商业信息。因此，电子商务安全从整体上可分为两大部分：计算机网络安全和商务交易安全。

计算机网络安全的内容包括：计算机网络设备安全、计算机网络系统安全、数据库安全等。其特征是针对计算机网络本身可能存在的安全问题，实施网络安全增强方案，以保证计算机网络自身的安全性为目标。

商务交易安全则紧紧围绕传统商务在互联网络上应用时产生的各种安全问题，在计算机网络安全的基础上，如何保障电子商务过程的顺利进行。即实现电子商务的保密性、完整性、可鉴别性、不可伪造性和不可抵赖性。

计算机网络安全与商务交易安全实际上是密不可分的，两者相辅相成，缺一不可。

8.4.2　加密技术

电子商务要求顾客可以在网上进行各种商务活动，不必担心自己的信用卡会被人盗用。保证安全的最重要的一点就是使用加密技术对敏感的信息进行加密。在过去，用户为了防止信用卡的号码被窃取，一般是通过电话订货，然后使用用户的信用卡进行付款。现在，一些专用密钥加密（如 3DES、IDEA、RC4 和 RC5）和公钥加密（如 RSA、SEEK、PGP 和 EU）可用来保证电子商务的保密性、完整性、真实性和非否认服务。

8.4.3　认证技术

电子商务交易的双方很可能素昧平生，相隔千里。要使交易成功，首先要能确认对方的身份，对商家要考虑客户端不能是骗子，而客户也会担心网上的商店是不是一个玩弄欺诈的黑店。因此能方便而可靠地确认对方身份是交易的前提。

数字认证可用电子方式证明信息发送者和接收者的身份、文件的完整性和数据媒体的有效性（如录音、照片等）。随着商家在电子商务中越来越多地使用加密技术，人们都希望有一个可信的第三方，以便对有关数据进行数字认证。

目前的电子商务认证分个人认证和企业认证。从事电子商务的企业可以在认证中心注册认证，认证中心颁发证书给企业，现在的一般企业网站都是有证书认证的，（可以通过 IE 的菜单"工具"→"Internet 选项"→"内容"→"证书"查看电子证书，如图 8-8 所示），这个证书能证明网站所有者的身份。个人的认证可以通过网银、第三方认证（比如支付宝）、类似 U 盘的 USBKey 来实现网上支付和实名认证。

图 8-8　电子商务网站认证证书

8.4.4　安全协议

网络安全是实现电子商务的基础，而一个通用性强、安全可靠的网络协议则是实现电子商务安全交易的关键技术之一，它会对电子商务的整体性能产生很大的影响。

自从电子商务出现以来，人们就不断地追求更加安全有效的网络协议。IT 业界与金融行业一起，推出过不少有效的安全交易标准和技术。常见的协议标准有：

安全超文本传输协议（S-HTTP）：依靠密钥对的加密，保障 Web 站点间的交易信息传输的安全性。

安全套接层协议（SSL）：由 Netscape 公司提出的安全交易协议，提供加密、认证服务和报文的完整性。SSL 被用于 Netscape Communicator 和 Microsoft IE 浏览器，以完成需要的安全交易操作。

安全交易技术协议（STT，Secure Transaction Technology）：由 Microsoft 公司提出，STT 将认证和解密在浏览器中分离开，用以提高安全控制能力。Microsoft 在 Internet Explorer 中采用这一技术。

安全电子交易协议（SET，Secure Electronic Transaction）。

在实践中应用比较广泛的是 SSL 协议和 SET 协议。一些安全级别要求比较高的网站（比如支付宝 https://www.alipay.com/），在 http 后面会多一个字母"S"，就是应用了 SSL 协议的表现，这样的网站对商务交易的安全保障性相对要高得多。

8.5　信息安全实践

我们将列出在日常工作中个人在信息安全方面应注意的事项，请根据自身的具体情况进行修正，以达到比较好的信息安全保障。

1. 杀毒软件使用方面

● 您的计算机有安装性能优良的杀毒软件么？

- 您是否保证了杀毒软件的病毒库一直是最新版的？
- 您是否有规律地执行了杀毒软件的全盘扫描工作（如图8-9所示，比如每隔半个月就执行全盘扫描一次）？

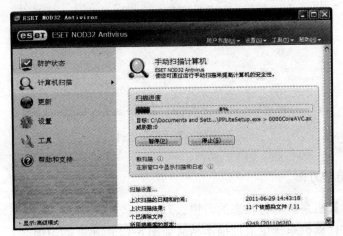

图8-9　全盘扫描

2．防火墙设置方面

- 您的计算机有设置防火墙系统么？
- 如果使用的是软件防火墙，您是否开启了全部防护功能（如图8-10所示）？

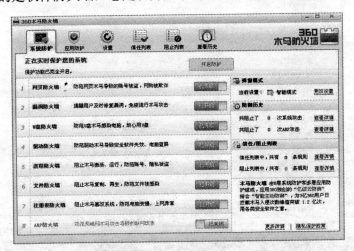

图8-10　防火墙防护状态

3．密码保护方面

- 您对各种账号有设置强密码么？
- 您有申请密码保护或使用密保卡么？
- 您有经常修改密码么？
- 您有使用密码保护软件么（如图8-11所示）？

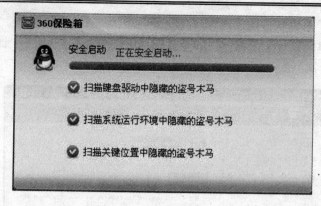

图 8-11 密码保护软件

4. 间谍软件防护方面

● 您有监测计算机系统运行状态的习惯么？
● 您有经常对计算机系统全盘扫描木马（如图 8-12 所示）的习惯么？

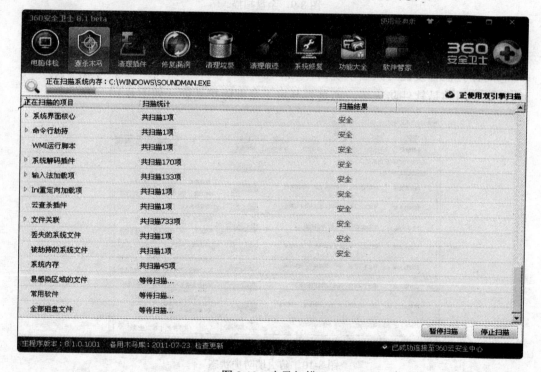

图 8-12 木马扫描

5. 数据安全方面

● 您在数据共享给别人的时候，有注意设置修改权限（如图 8-13 所示）么？
● 您有经常对重要数据进行备份的习惯么？

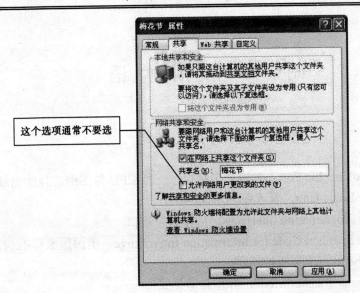

图 8-13　文件夹共享设置

6. 最重要的

● 您知道信息安全的重要性么？

附录A 常用术语

一、常用英文术语

AGP：Accelarated Graphic Port，加速图形端口，一种CPU与图形芯片的总线结构

ALU：Arithmetic Logic Unit，算术逻辑单元

API：Application Programming Interfaces，应用程序接口

ASCII：American Standard Code for Information Interchange，美国国家标准信息交换代码

ATA：AT Attachment，AT主板扩展型

ATM：Asynchronous Transfer Mode，异步传输模式

ATX：AT Extend，扩展型AT主板

AV：Analog Video，模拟视频

AVI：Audio Video Interleave，音频视频插入

BIOS：Basic Input/Output System，基本输入/输出系统

CAD：Computer-Aided Design，计算机辅助设计

CCD：Charge Coupled Device，电荷连接设备

CD-ROM/XA：CD-ROM eXtended Architecture，只读光盘增强形架构

CDRW：CD-Rewritable，可重复刻录光盘

CEO：Chief Executive Officer，首席执行官

CLK：Clock Cycle，时钟周期

CMOS：Complementary Metal Oxide Semiconductor，互补金属氧化物半导体

COM：Component Object Model，组件对象模式

CPU：Center Processing Unit，中央处理器

CRT：Cathode Ray Tube，阴极射线管

CTO：Chief Technology Officer，首席技术官

CTS：Carpal Tunnel Sydrome，计算机腕管综合症

CVS：Compute Visual Syndrome，计算机视觉综合症

DDR SDRAM：Double Date Rate，双数据率SDRAM

DHCP：Dynamic Host Configuration Protocol，动态主机分配协议

DNS：Domain Name System，域名系统

DVD：Digital Video Disk，数字视频光盘

EEPROM：Electrically Erasable Programmable ROM，电擦写可编程只读存储器

ERP：Enterprise Requirement Planning，企业需求计划

FAT：File Allocation Tables，文件分配表

FireWire：火线，即IEEE1394标准

FTP：File Transfer Protocol，文件传输协议

GHOST：General Hardware Oriented System Transfer，全面硬件导向系统转移

GPS：Global Positioning System，全球定位系统

GPU：Graphics Processing Unit，图形处理器

GUI：Graphics User Interface，图形用户界面

HDTV：High Definition TeleVision，高清晰度电视

HTML：HyperText Markup Language，超文本标记语言

HTTP：HyperText Transfer Protocol，超文本传输协议

I/O：Input/Output，输入/输出

ID：IDentify，鉴别号码

IDE：Integrated Drive Electronics，电子集成驱动器

IP：Internet Protocol，网际协议

ISDN：Integrated Service Digital Network，综合服务数字网络

ISP：Internet Service Provider，因特网服务提供商

LAN：Local Area Network，局域网

LCD：Liquid Crystal Display，液晶显示屏

LED：Light Emitting Diode，光学二级管）

MHz：Million Hertz，兆赫兹

MIDI：Musical Instrument Digital Interface，乐器数字接口

MIPS：Million Instructions per Second，每秒钟百万条指令，CPU 速度的一个参数

MODEM：Modulator Demodulator，调制解调器

MSN：Microsoft Network，微软网络

PCB：Printed Circuit Board，印刷电路板

PCI：Peripheral Component Interconnect，互连外围设备

POP3：Post Office Protocol Version 3，第三版电子邮局协议

SMTP：Simple Mail Transfer Protocol，简单邮件传输协议

SRAM：Static Random Access Memory，静态随机存储器

UDP：User Datagram Protocol，用户数据报协议

USB：Universal Serial Bus，通用串行总线

VOD：Video On Demand，视频点播

VPN：Virtual Private Network，虚拟局域网

WWW：World Wide Web，万维网，是因特网的一部分

ADSL：Asymmetric Digital Subscriber Line，非对称数字线路

XML：Extensible Markup Language，可扩展标记语言

二、专业术语

ActiveX

一组允许软件组件与网络环境中的另一个组件交互，而不管创建组件所用语言的技术。

Administrator 账户

在本地计算机上，是指在新的工作站、独立服务器或成员服务器上安装操作系统时创建的第一个账户。默认情况下，该账户具有对本地计算机的最高级别的管理访问权限，并且是 Administrators 组的成员。

ARP（地址解析协议）

TCP/IP 中的一种协议，利用本地网络上的广播通信将逻辑分配的 Internet 协议版本 4（IPv4）地址解析成其物理硬件地址或媒体访问控制。

安全模式

不连接网络，而仅使用基本的文件和驱动程序来启动 Windows 的方法。在启动过程中出现提示时按 F8 将进入安全模式。当计算机因出现问题而无法正常启动时，这种模式使用户可以启动计算机。

不间断电源（UPS）

连接在计算机和电源之间以保证电流不受干扰的设备。UPS 设备使用电池使计算机在断电之后仍能正常运行一段时间。UPS 设备通常还提供保护以防止电涌和电压过低。

DirectX

Microsoft Windows 操作系统的一种扩展。DirectX 技术会帮助游戏和其他程序使用硬件所具有的高级多媒体能力。

代理服务器

一种防火墙组件，管理进出局域网（LAN）的 Internet 通信并能提供其他功能，例如文档缓存和访问控制。代理服务器能通过提供经常请求的数据（例如流行的网页）来提高性能。它还能筛选并丢弃所有者认为不合适的请求，例如对专用文件未经授权的访问请求。

带宽

传输媒体的数据传输容量。在数字通信中，传输容量是以位/秒（bps）或百万位/秒（Mbps）表示。例如，以太网提供 10 Mbps 或 100Mbps 的带宽（注意是小写字母 b，代表"位"）。

文件系统

在操作系统中，在其中命名、存储、组织文件的综合结构。NTFS、FAT 和 FAT32 都是文件系统的类型。

FAT32 文件系统

文件分配表（FAT）文件系统的派生文件系统。FAT32 比 FAT 支持更小的簇和更大的卷，这就使得 FAT32 卷的空间分配更有效。

NTFS 文件系统

一种高级文件系统，提供了性能、安全、可靠性以及未在任何 FAT 版本中出现的高级功能。例如，NTFS 通过使用标准的事务处理记录和还原技术来保证卷的一致性。如果系统出现故障，NTFS 将使用其日志文件和检查点信息来恢复文件系统的一致性。NTFS 还可以提供诸如文件和文件夹权限、加密、磁盘配额和压缩之类的高级功能。

分区

像物理上独立的几个磁盘那样工作的物理磁盘部分。创建分区后，将数据存储在该分区之前必须将其格式化并指派驱动器号。在基本磁盘上，分区被称为基本卷，它包含主要分区和逻辑驱动器。在动态磁盘上，分区称为动态卷，它包含简单卷、带区卷、跨区卷、镜像卷。

附录 B　职业应用场景

注：以下能力要求均为近似描述，每个具体职位会因企业环境不同而发生变化。

1 办公文案类

A　工作情景

1. 办公室工作文档编辑处理、撰写公文、打印文档、资料整理。

B　信息素养

1. 较好的文笔写作能力，良好的工作作风；
2. 一定的计算机操作基础，熟练的 **Office** 工具应用能力；
3. 熟悉打印机等各种办公器材的简单操作与维护；
4. 熟练的网络使用能力。

2 技术支持/维护类

A　工作情景

1. 计算机及多媒体相关设备的安装、调试、维修；
2. 软件技术支持、安装测试、售后服务，客户培训工作；
3. 公司办公网络设备的安装、配置、维护；
4. 编写项目技术资料的编制，管理维护相关软件和文档。

B　信息素养

1. 能熟练组装电脑，安装操作系统及应用软件，熟练排除软、硬件故障；
2. 能独立地完成网络管理，能解决与网络有关的各种问题；
3. 有良好的学习能力、动手能力和分析能力，良好的沟通能力。

3 软件相关类别

A　工作情景

1. 负责项目经理指定的项目软件开发；
2. 根据项目要求进行项目实施；
3. 负责编写相关项目开发文档及使用说明等；
4. 负责项目后期的维护工作。

B　信息素养

1. .NET（C#）/Java 开发和设计，熟悉三层软件架构模式；

2. 熟悉数据库（SQL Server 或其他）应用及开发，具备一定 ORACLE 开发能力；

3. 熟悉 Web 程序开发；

4. 具有团队合作开发经验，可独立根据项目经理的需求完成系统开发；

5. 熟练掌握面向对象的编程方法和技术，对常用的设计模式能有所了解，熟悉 UML；

6. 熟悉多层开发和分布式计算体系结构，掌握一定的软件工程的方法；

7. 熟悉简单服务器安装、配置及管理；

8. 能吃苦耐劳。

4 硬件相关类别

A 工作情景

1. 负责公司硬件安装及网络巡检工作，定期客户巡访；

2. 负责公司项目的部分现场实施及培训工作；

3. 整理相关技术文档，并适当地进行一些小程序的开发支持；

4. 负责客户协调与跟踪工作。

B 信息素养

1. 熟悉计算机软、硬件知识，了解硬件配置及周边配件情况，可独立完成电脑硬件安装、故障处理；

2. 对操作系统有一定了解和认识；

3. 具有服务器安装知识和维护能力；

4. 具有一定的网络知识，理解网络交换机、路由器、防火墙的基本原理，能够独立安装、调试网络设备；

5. 接受能力强，具备一定的沟通能力，并且可以经常出差。

5 网络相关类别

A 工作情景

1. 设计网络方案、IP 地址和路由协议规划等工作，满足用户要求；

2. 进行网络的日常维护和故障处理工作，并对中小网络故障处理提供技术支持，保证网络正常工作；

3. 制定网络建设方案、网络安全方案、工程实施技术文档和验收文档；

4. 指导实施人员进行网络建设和安全方案等的工程实施，进行项目管理的工作，保证实施进度；

5. 根据系统运行的情况，优化、维护主机。

B 信息素养

1. 精通基础设施架构，能够独立、熟练地完成本领域的工作任务；

2. 掌握 IP 路由和交换的知识，了解 IPv6、移动 IP 和 IP 组播的原理和实施方法；

3. 按照网络系统的需求进行 IP 地址和路由协议的规划，能够掌握并运用各种广域网连接技术。

4. 熟悉流行的网络技术，包括（但不限于）TCP/IP Protocol、NAT、ACL、IP Security、Network Management、Java、C 语言、SQL、ORACLE、JavaScript、Ajax。

附录 C 参考练习题

一、软件与操作系统部分参考练习题

1. 关于文件的含义，比较恰当的说法应该是____。
A. 记录在存储介质上按名存取的一组相关程序的集合
B. 记录在磁盘上按名存取的一组相关信息的集合
C. 记录在磁盘上按名存取的一组相关程序的集合
D. 记录在存储介质上按名存取的一组相关信息的集合
参考答案：D

2. Windows 提供了在不同窗口或应用程序之间进行信息拷贝或移动的功能，这主要归功于____功能。
A. 写字板　　　　　B. 画笔　　　　　C. 记事本　　　　　D. 剪贴板
参考答案：D

3. 目前计算机广泛应用于财务管理、数据统计、办公自动化、情报检索等，这些应用可统称为____。
A. 辅助设计　　　　B. 科学计算　　　　C. 数据处理　　　　D. 实时控制
参考答案：C

4. 计算机辅助设计软件主要用于____。
A. 文字处理　　　　B. 实时控制　　　　C. 设计和制图　　　　D. 科学计算
参考答案：C

5. 以下四组软件中，____组都是系统软件。
A. Word 和 Excel　　　　　　　　　B. DOS 和 WPS
C. DOS 和 UNIX　　　　　　　　　 D. Windows 和 Word
参考答案：C

6. 能把高级语言编写的源程序进行转换，并生成机器语言形式的目标程序的系统软件称为____。
A. 程序设计语言　　　　　　　　　 B. 解释程序
C. 编译程序　　　　　　　　　　　 D. 汇编程序
参考答案：C

7. 引入操作系统的主要目的是____、方便用户等。
A. 提高计算机的灵活性　　　　　　 B. 提高计算机的兼容性
C. 提高计算机的运算速度　　　　　 D. 提高软、硬件资源利用率
参考答案：D

8. 在软件的分层中，直接和用户、硬件打交道的是____。
A. 表格处理软件　　　　　　　　　 B. 语言处理软件
C. 操作系统　　　　　　　　　　　 D. 字处理软件

参考答案：C

9. 与其他事物相似，软件有它的发生、发展和消亡的过程。软件的生命周期大体可以分为三个时期，即____。

A．开发期、使用期和消亡期　　　　B．开发期、使用期和维护期
C．定义期、开发期和消亡期　　　　D．定义期、开发期和维护期

参考答案：D

10. 计算机能直接执行的程序是____。

A．源程序　　　　　　　　　　　　B．汇编语言程序
C．机器语言程序　　　　　　　　　D．高级语言程序

参考答案：C

11. 在 Windows 系统中，回收站的功能是____。

A．临时存放被删除的文件　　　　　B．收发信件
C．设置计算机参数　　　　　　　　D．浏览上网的计算机

参考答案：A

12. 有组织地、动态地存储大量数据，且能高效地使用这些数据的软件是____。

A．游戏软件　　　　　　　　　　　B．编译软件
C．数据库管理系统　　　　　　　　D．辅助设计软件

参考答案：C

13. 以下对计算机软件与硬件关系的描述中，错误的是____。

A．硬件是软件的基础　　　　　　　B．计算机系统由硬件与软件组成
C．软件可以扩充硬件的功能　　　　D．硬件所有功能都无法用软件实现

参考答案：D

14. 把 Windows 当前活动窗口的映像复制到剪贴板，应按____。

A．粘贴按钮　　　　　　　　　　　B．复制按钮
C．PrintScreen　　　　　　　　　　D．Alt + PrintScreen

参考答案：D

15. 以下属于应用软件且不属于通用应用软件的是____。

A．网络与通信软件　　　　　　　　B．民航售票软件
C．统计软件　　　　　　　　　　　D．文字处理软件

参考答案：B

16. 在资源管理器中，要选择连续的多个文件，正确的操作为____。

A．先单击第一个对象，按住 Shift 键再单击最后一个
B．先单击第一个对象，按住 Ctrl 键再单击最后一个
C．按住 Ctrl 键，先单击第一个对象，再单击最后一个
D．连续单击要选择的对象

参考答案：A

17. 计算机应用的领域主要有科学计算、辅助设计、过程控制及____。

A．数据库管理　　　　　　　　　　B．软件开发
C．数据处理　　　　　　　　　　　D．三者都不是

参考答案：C

18. 对一个大型软件系统，用户可能有意或无意地输入一些不合理的数据，使系统遭到意想不到的冲击，这时系统能按某种预期的方式做出适当的处理，说明该系统具有____。

　A. 易维护性　　　　　B. 易理解性　　　　C. 正确性　　　　　D. 健壮性

参考答案：D

19. 系统软件通常包括操作系统、____、数据库管理系统、实用工具与工具软件。

　A. 通用系统　　　　　B. MS Office 套件　　C. 语言处理程序 D. 定制系统

参考答案：C

20. 数据库管理系统的主要数据模型有层次型、网状型和____型三种。

　A. 立体　　　　　　　B. 线　　　　　　　C. 空间　　　　　　D. 关系

参考答案：D

21. Windows 资源管理器一次可以复制多个文件。要间隔地选取文件应先按住____键，再用鼠标左键选取。

　A. Alt　　　　　　　　B. Ctrl　　　　　　C. Tab　　　　　　D. Shift

参考答案：B

22. 在 Windows 中，下列关于"回收站"的叙述中，____是正确的。

　A. 用 Shift+Delete（Del）键从硬盘上删除的文件可用"回收站"恢复

　B. 用 Delete（Del）键从硬盘上删除的文件可用"回收站"恢复

　C. 不论从硬盘还是软盘上删除的文件都不能用"回收站"恢复

　D. 不论从硬盘还是软盘上删除的文件都可以用"回收站"恢复

参考答案：B

23. CAI 是指____。

　A. 计算机辅助设计　　　　　　　　　B. 计算机辅助制造

　C. 计算机辅助管理　　　　　　　　　D. 计算机辅助教学

参考答案：D

24. Windows 支持____的共享。

　A. 打印机

　B. CD-ROM、传真、调制解调器等设备

　C. 文件和文件夹

　D. 三种都是

参考答案：D

25. 关于机器语言与高级语言的下列叙述中，正确的是_____。

　A. 有了高级语言，机器语言就无存在的必要了

　B. 机器语言程序比高级语言程序可移植性强

　C. 机器语言程序比高级语言程序可移植性差

　D. 机器语言程序比高级语言程序执行速度慢

参考答案：C

26. 关于 Caps Lock 键，下列说法正确的是____。

　A. 当 Caps Lock 指示灯亮着的时候，按主键盘的数字键，可输入其上部的特殊字符

　B. 当 Caps Lock 指示灯亮着的时候，按字母键，可输入大写字母

　C. Caps Lock 键与 Alt+Del 键组合可以实现计算机热启动

D．以上都不正确

参考答案：B

27．实现计算机系统中软件安全的核心是____。

A．应用软件的安全性   B．语言处理系统的安全性

C．硬件的安全性   D．操作系统的安全性

参考答案：D

28．操作系统的 5 个主要功能是作业管理、存储管理、设备管理、文件管理及____。

A．用户管理   B．进程管理   C．显示器管理   D．网络管理

参考答案：B

29．在中文 Windows 中，____是不合法的文件名。

A．南京 北京.RTF   B．XYZ.TXT.DOC

C．ABC<华>XYZ   D．ABCDEF1234

参考答案：C

30．① Windows ME ②Windows CE ③Windows NT ④FrontPage 98 ⑤Access ⑥ MS-DOS 6.22 ⑦OS/2 ⑧WinZip ⑨RealPlay，对于以上列出的 9 个软件，下列各组中，____ 均为操作系统软件。

A．②④⑥⑦   B．①②③⑥⑦

C．①②③⑥⑧   D．③⑤⑥⑦⑧⑨

参考答案：B

31．Windows 中一般使用 Ctrl+____键进行中英文输入方式切换。

A．Esc   B．空格   C．Tab   D．Shift

参考答案：B

32．关于计算机中使用的软件，以下说法中错误的是____。

A．未经软件著作权人的同意复制其软件是侵权行为

B．软件如同硬件一样，也是一种商品

C．软件与书籍一样，借来复制一下不损害他人

D．软件凝聚着专业人员的劳动成果

参考答案：C

33．在键盘操作中，按标准指法击键，左手的无名指应击的字母键是____。

A．Q A Z   B．E D C   C．R F V   D．W S X

参考答案：D

34．将 Windows "开始" 菜单中的应用程序图标复制或移动到桌面的过程实际上是____。

A．设置任务栏

B．创建快捷方式

C．设置在 Windows 的 "开始" 菜单中

D．设置活动桌面

参考答案：B

35．下列带有通配符的文件名中，能代表文件 ABCDEF.DAT 的是____。

A．AB?.*   B．?F.*   C．A*.*   D．*.?

参考答案：C

36. 计算机硬件可以直接理解并执行的语言是____。

A. 高级语言　　　　B. 汇编语言　　　　C. 机器语言　　　　D. 以上都不对

参考答案：C

37. Windows 中，菜单命令后带有三角符号，表示该命令____。

A. 处于选中状态　　　　　　　　　B. 执行时有对话框

C. 暂时不能执行　　　　　　　　　D. 含有下一级子菜单

参考答案：D

38. 单击应用程序窗口最小化按钮后，下列说法正确的是____。

A. 应用程序转入后台运行　　　　　B. 应用程序停止执行

C. 应用程序优化执行　　　　　　　D. 以上都不是

参考答案：A

39. 在中文 Windows 中，使用软键盘可以快速输入各种特殊符号，为了撤销弹出的软键盘，正确的操作是____。

A. 用鼠标右键单击软键盘上的 Esc 键

B. 用鼠标左键单击中文输入法状态窗口中的"开启/关闭软键盘"按钮

C. 用鼠标右键单击中文输入法状态窗口中的"开启/关闭软键盘"按钮

D. 用鼠标左键单击软键盘上的 Esc 键

参考答案：B

40. Windows XP 的系统工具主要有____等。

A. 备份、磁盘空间管理、磁盘扫描程序、磁盘碎片整理程序

B. ARJ 压缩程序、BACKUP/RESTORE、PCTOOLS

C. 磁盘压缩程序、磁盘修复程序、PCTOOLS

D. 传真程序、备份、磁盘空间管理

参考答案：A

二、系统体系结构与数据表示部分参考练习题

1. 一组连接计算机各部件的公共通信线称为总线，它由____组成。

A. 地址线和控制线　　　　　　　　B. 地址线、数据线和控制线

C. 数据线和控制线　　　　　　　　D. 地址线和数据线

参考答案：B

2. 显示器是计算机的____。

A. 存储器　　　　B. 输入设备　　　　C. 输出设备　　　　D. 微处理器

参考答案：C

3. 在表示内存储器的容量时，一般用 MB 作为单位，其准确的含义是 1MB 为____。

A. 1024 万字节　　　B. 1024KB　　　C. 1 千字节　　　D. 1024 字节

参考答案：B

4. 微机中的 I/O 接口卡位于____之间。

A. 输入设备与输出设备　　　　　　B. 主机与外存

C. 总线与外设　　　　　　　　　　D. 主存与外存

参考答案: C

5. 微机所用的（系统）总线标准有多种，下面列出的四个缩写名中不属于描述总线标准的是____。

A. PCI   B. ISA   C. VGA   D. VESA

参考答案：C

6. 下列有关硬盘与 CD-ROM 光盘的叙述中，正确的是____。

A. 光盘速度快，硬盘速度慢

B. 硬盘容量大，光盘容量小

C. 切断电源后，光盘信息保留，而硬盘信息消失

D. 硬盘容量小，光盘容量大

参考答案：B

7. 目前在 PC 计算机里，西文字符编码最普遍采用的是____码。

A. 十六进制   B. 余 3 代码

C. BCD   D. ASCII

参考答案：D

8. 在下列各种板卡中，不属于计算机扩展板卡的是____。

A. 声卡   B. 主板   C. 网卡   D. 显示卡

参考答案：B

9. 所谓计算机内存的地址，是指____。

A. 内存与外存联系的号码

B. 内存的通信地址

C. 内存中各存储单元的联系地址

D. 内存中各存储单元的编号

参考答案：D

10. 下列术语中，用于刻画显示器显示图像精细程度的性能指标是____。

A. 可靠性能   B. 分辨率   C. 精度   D. 速度

参考答案：B

11. 一张普通 CD-ROM 光盘的存储容量一般为____。

A. 1GB   B. 650MB   C. 50MB   D. 47GB

参考答案：B

12. 60 多年来，几乎所有计算机的基本结构与工作原理都是相同的，其基本特点是：____。

A. 采用集成电路   B. 使用高级语言编程

C. 采用存储程序控制   D. CPU 采用微处理器

参考答案：C

13. 下列说法中，____是完全正确的。

A. 内存储器可与 CPU 直接交换信息，与外存储器相比存取速度慢、价格便宜

B. 内存储器可与 CPU 直接交换信息，与外存储器相比存取速度快、价格贵

C. RAM 和 ROM 在断电后都不能保存信息

D. 软盘和硬盘可永久保存信息，它们是计算机的主存储器

参考答案：B

14. 微型计算机的核心是____。

A. 运算器　　　　B. 存储器　　　　C. 控制器　　　　D. 微处理器

参考答案：D

15. 一种数字照相机，拍照结束以后，通过电缆与计算机相连，便可将照片信息送入计算机存储、处理。这种数字照相机属于____。

A. 输入设备　　　　　　　　　B. 中央处理器

C. 输出设备　　　　　　　　　D. 存储器

参考答案：A

16. 当向光驱里的 CD-ROM 写入数据时，计算机提示出错信息。其原因为____。

A. 这张光盘的写保护口未打开

B. 计算机软件系统不稳定而出现的异常错误

C. 这类光盘只能读取数据

D. 这张光盘已写满

参考答案：C

17. 现在市场上流行一种"笔"，用户通过在书写板上使用"笔"书写或绘画，计算机获得相应的信息。它是一种____。

A. 通信设备　　　　B. 输出设备　　　　C. 输入设备　　　　D. 随机存储器

参考答案：C

18. 在计算机中，RAM 是指____

A. 随机存取存储器　　　　　　B. 控制器

C. 只读存储器　　　　　　　　D. 外存储器

参考答案：A

19. 在外设中，绘图仪属于____。

A. 输入设备　　　　　　　　　B. 主（内）存储器

C. 外（辅）存储器　　　　　　D. 输出设备

参考答案：D

20. 在微机操作系统中，最基本的输入/输出模块 BIOS 存放在____。

A. RAM 中　　　　　　　　　B. 寄存器中

C. 硬盘中　　　　　　　　　D. ROM 中

参考答案：D

21. 从存储器的存取速度上看，速度由快到慢的存储器依次是____。

A. Cache、内存、硬盘和光盘

B. Cache、内存、光盘和硬盘

C. 内存、Cache、光盘和硬盘

D. 内存、Cache、硬盘和光盘

参考答案：A

22. 关于 PC 主板上的 CMOS 芯片，下面说法中正确的是____。

A. 需一个电池给它供电，否则其中数据会因主机断电而丢失

B. 存储计算机系统的配置参数，它是只读存储器

C. 存储基本输入/输出系统程序，是易失性的

D．PC 上电后对计算机进行自动检查测试

参考答案：A

23．下面____组设备包括：输入设备、输出设备和存储设备。

A．CRT、CPU、ROM
B．磁盘、鼠标器、键盘
C．鼠标器、绘图仪、光盘
D．磁带、打印机、激光打印机

参考答案：C

24．下列设备中不能作为输出设备的是____。

A．显示器
B．绘图仪
C．打印机
D．键盘

参考答案：D

25．CPU 中运算器的功能是完成____。

A．算术和逻辑运算
B．数学公式计算
C．解方程式
D．各种操作

参考答案：A

26．计算机中用于连接 CPU、内存、I/O 设备等部件的设备是____。

A．数据线
B．地址线
C．控制线
D．（系统）总线

参考答案：D

27．将一场精彩的世界杯足球比赛录像（约 100 分钟），高质量地保存在一张盘片上，应使用____。

A．VCD 光盘
B．3.5 英寸高密度软盘
C．DVD 光盘
D．5.25 英寸高密度软盘

参考答案：C

28．世界上第一台电子数字计算机是 20 世纪____年代研制成功的。

A．40
B．30
C．60
D．50

参考答案：A

29．下列说法中，____是正确的。

A．ROM 是只读存储器，其中的内容只能读一次，下次再读就读不出来了
B．硬盘通常安装在主机箱内，所以硬盘属于内存
C．任何存储器都有记忆能力，即其中的信息不会丢失
D．CPU 不能直接与外存打交道

参考答案：D

30．在 CPU 中能临时存放少量数据的部件，称为____。

A．高速缓存
B．主存
C．辅存
D．存储器

参考答案：A

三、系统安全与字处理部分参考练习题

1．赞助商给某公司发信息，说其同意签订合同。随后该赞助商反悔，不承认发过此信息。为了预防这种情况发生，应采用_____技术。

A．访问控制
B．数据加密
C．防火墙
D．数字签名

参考答案：D

2．杀毒软件的病毒特征库汇集了所有病毒的特征，因此可以查杀所有病毒，有效保护信息。上述说法_____。

A．对　　　　　　　　　　　　　　B．错

参考答案：B

3．计算机病毒是一种对计算机系统具有破坏性的____。

A．操作系统　　　　B．生物病毒　　　C．高级语言编译程序 D．计算机程序

参考答案：D

4．在校园网中，可对防火墙进行设置，使校外某一 IP 地址不能直接访问校内网站。上述说法_____。

A．对　　　　　　　　　　　　　　B．错

参考答案：A

5．在 Word 的文本输入方式中，____键可以在"插入"和"改写"状态之间进行切换。

A．Alt　　　　　　B．Ins　　　　　C．Ctrl　　　　　D．Shift

参考答案：B

6．在 Word 中，单击"常用"工具栏上的"打印"按钮，则打印____。

A．选定内容　　　　B．当前页　　　C．出现"打印"对话框　　D．全部文档

参考答案：D

7．在 Word 中，____对文档的编辑、排版和打印等操作都将产生影响。

A．字体设置　　　　B．页码设定　　　C．打印预览　　　　D．页面设置

参考答案：D

8．常用的文字处理软件如 WPS、Word，它们属于____。

A．语言处理软件　　B．应用软件　　　C．系统软件　　　　D．测试软件

参考答案：B

9．Word 在用户界面方面的最大特点是____。

A．可以编辑长文档　　　　　　　　B．在 Windows 支持下工作

C．所见即所得　　　　　　　　　　D．可以进行文档格式编排

参考答案：C

10．Word 和 WPS 主要是用来进行____的软件

A．图像处理　　　　B．图文编辑　　　C．声音编辑　　　　D．程序设计

参考答案：B

11．Word 具有分栏功能，下列关于分栏的说法中正确的是____。

A．最多可以设 4 栏　　　　　　　　B．各栏的宽度可以不同

C．各栏之间的间距是固定的　　　　D．各栏的宽度必须相同

参考答案：B

12．Word 文字处理软件是____公司的产品。

A．Motorola　　　　B．Microsoft　　　C．AT&T　　　　　D．IBM

参考答案：B

13．在 Word 文档编辑中，将一部分内容改为四号楷体，然后紧接这部分内容后输入新的文字，则新输入文字的字号和字体分别为____。

A．四号楷体　　　　B．不能确定　　　C．五号宋体　　　　D．五号楷体

参考答案：A

14．在 Word 中，若只要打印某文本文件中指定的几页，应该用____打印。

A．工具栏上的打印按钮

B．将光标移至指定页再按工具栏上的打印按钮

C．"文件"菜单中的打印命令

D．同时按住 Alt 和 Print Screen 键

参考答案：C

15．Word 中，段落的标记是在输入____后产生的。

A．句号 　　　　　　　　　　B．Enter 键

C．Shift+Enter 　　　　　　　D．分页符

参考答案：B

16．在用 Word 编辑文档过程中突然断电，用户又未保存文档，则输入的内容____。

A．是否保存根据用户预先的设定而定

B．全部由系统自动保存

C．系统能将一部分内容保存在内存中

D．全部没有保存

参考答案：A

17．Word 的查找和替换功能很强，下列不属于其功能的是_____。

A．能够查找和替换格式或样式的文本

B．能够查找图形对象

C．能够用通配字符进行快速、复杂的查找和替换

D．能够查找和替换文本中的格式

参考答案：B

18．执行 Word 中"插入"菜单中的"图片"命令，不可以插入_____。

A．公式 　　　　　　　　　　B．剪贴画

C．艺术字 　　　　　　　　　D．自选图形

参考答案：A

19．Word 的"文件"下拉菜单的下部，通常会列出若干文件，这些文件是_____。

A．目前均处于打开状态的文件

B．目前正排队等待打印的文件

C．最近由 Word 处理过的文件

D．当前目录中扩展名为 DOC 的文件

参考答案：C

20．Word 中，下列关于页眉、页脚的叙述，错误的是_____。

A．文档内容和页眉、页脚可以在同一窗口编辑

B．文档内容和页眉、页脚将一起打印

C．奇偶页可以分别设置不同的页眉、页脚

D．页眉、页脚中也可以进行格式设置或插入剪贴画

参考答案：A

21．Excel 工作表中的数据有四种类型，分别是____。

A．字符、数值、日期、时间

B．字符、数值、日期、逻辑

C．字符、数值、逻辑、时间

D．字符、数值、日期、屏幕

参考答案：A

22．Excel 启动后，在当前窗口内显示一个名为____的工作表。

A．无标题   B．Book1   C．Chart1   D．Sheet1

参考答案：D

23．Excel 中，可用____在单元格内强制换行。

A．Alt+Shift   B．Alt+Enter   C．Alt+Tab   D．Ctrl+Enter

参考答案：B

24．在 Excel 中，如 A.XLS 工作簿中引用了 B.XLS 工作簿中某单元格的信息，当 B.XLS 中的有关信息变化时，则 A.XLS 中的相应信息____。

A．不一定变   B．随之改变

C．不会变   D．根本没有联系

参考答案：B

25．在 Excel 中，当前单元格是 F4，对 F4 来说，输入公式 "=SUM (A4:E4)" 意味着____。

A．对 A4、B4、C4、D4、E4 的数值求和

B．对 A4 和 E4 的数值求和

C．对 F4 单元格同一行右边所有单元格数值求和

D．对 F4 和其左边所有单元格数值求和

参考答案：A

26．关于 Excel 的数据筛选，下列叙述中正确的是____。

A．自动筛选前 10 项，只能将满足条件的前 10 项列出

B．筛选是将满足条件的记录放入新表

C．筛选时将不满足条件的记录删除，只留下符合条件的记录

D．自动筛选只允许定义两个条件

参考答案：A

27．Excel 提供两种筛选方式，自动筛选和高级筛选是分别针对____。

A．一般条件和用户自定义条件

B．用户自定义条件和一般条件

C．复杂条件和简单条件

D．简单条件和复杂条件

参考答案：D

28．Excel 工作表被删除后，下列叙述中正确的是____。

A．数据保存在内存中，只是没有显示

B．数据进入了拉圾箱，仍可恢复

C．数据全部被删除，且不能用 "撤销" 来恢复

D．数据全部被删除，但是能用 "撤销" 来恢复

参考答案：C

29. 在 Excel 中，若要选择不相邻的单元格或单元格区域，可以先选定第一个单元格或单元格区域，然后再按住_____键选定其他的单元格或单元格区域。

A. Alt　　　　　　　B. Ctrl　　　　　　　C. Esc　　　　　　　D. Shift

参考答案：B

30. 在 Excel 2003 中，若在 B7 单元格输入函数"=SUM(B1,B3,B5)"，则它的含义是_____。

A. 计算 B1，B3，B4，B5 各单元格值的和，将结果放入 B7 单元格中

B. 计算 B1，B2，B3，B4，B5 各单元格值的和，将结果放入 B7 单元格中

C. 计算 B1，B2，B3，B4，B5，B6 各单元格值的和，将结果放入 B7 单元格中

D. 计算 B1，B3，B4，B5，B6 各单元格值的和，将结果放入 B7 单元格中

参考答案：A

31. PowerPoint 演示文稿在放映时能呈现多种效果，这些效果_____。

A. 完全由放映的具体操作决定

B. 需要在编辑时设定相应的放映属性

C. 与演示文稿本身无关

D. 由系统决定，无法改变

参考答案：B

32. 在 Powerpoint 中，幻灯片母版是_____。

A. 幻灯片模板的总称

B. 用户定义的幻灯片，以供其他幻灯片调用

C. 用户自己设计的幻灯片模板

D. 统一所有格式的特殊模板

参考答案：D

33. 在 Powerpoint 中，只有在_____视图下，"超链接"功能才起作用。

A. 幻灯片放映　　　　　　　　　　B. 幻灯片浏览

C. 大纲　　　　　　　　　　　　　D. 普通

参考答案：A

34. 在 PowerPoint 演示文稿中，超链接所链接的目标不能是_____。

A. 另一个演示文稿

B. 同一演示文稿的某一张幻灯片

C. 其他应用程序的文档

D. 幻灯片中的某个对象

参考答案：D

35. 在 PowerPoint 中，要终止幻灯片的放映，只需按_____键即可。

A. Ctrl　　　　　　　B. Esc　　　　　　　C. Shift　　　　　　　D. Enter

参考答案：B

四、计算机网络部分参考练习题

1. 目前使用最广泛的、影响最大的全球计算机网络是____。

A. Internet　　　　　　B. Novellnet　　　　　C. Cernet　　　　　D. Ethernet

参考答案：A

2. 在计算机网络中，为了使计算机之间能正常通信，通信双方必须遵守某些规则和约定，这些规则和约定称为____。

A．通信模式　　　　　　B．协议　　　　　C．接口　　　　　D．通信制式

参考答案：B

3. 按照计算机网络的作用范围，通常将网络可以简单分为____两大类。

A．局域网，校园网　　　　　　　　　B．局域网，广域网

C．总线网，星形网　　　　　　　　　D．广域网，校园网

参考答案：B

4. Internet 采用的通信协议是____。

A．TCP/IP　　　　B．NETBEUI　　　　C．IPX/SPX　　　　D．NETBIOS

参考答案：A

5. Internet 属于____。

A．以太网　　　　　B．总线网　　　　　C．局域网　　　　　D．广域网

参考答案：D

6. 双绞线和同轴电缆传输的是____信号。

A．光脉冲　　　　　B．电磁　　　　　C．红外线　　　　　D．微波

参考答案：B

7. 在局域网上经常共享的资源可以是____。

A．显卡　　　　　　B．打印机　　　　C．内存　　　　　D．CPU

参考答案：B

8. 在 Internet 的各种应用中，____的应用是采用广域超媒体信息检索技术，可以访问分散在世界各地的大量资料信息。

A．布告栏　　　　　　　　　　　B．远程登录

C．World Wide Web（WWW）　　　D．电子邮件

参考答案：C

9. 局域网的基本拓扑结构有____。

A．总线型，星形，对等型　　　　　B．总线型，环形，星形

C．总线型，主从型，对等型　　　　D．总线型，星形，主从型

参考答案：B

10. Internet 是规模最大的网络，其使用的 TCP/IP 协议一般被看成____标准。

A．电子　　　　B．.IBM 公司　　　　C．ISO　　　　D．工业

参考答案：D

11. 使用 Internet 技术组建的企业（单位）内部网称为____。

A．Novell　　　　B．Windows NT　　　　C．Internet　　　　D．Intranet

参考答案：D

12. 下列网络协议中，____不用于收发电子邮件

A．IMAP　　　　B．FTP　　　　C．SMTP　　　　D．POP3

参考答案：B

13. 计算机网络中，互连的各种数据终端设备是按____相互通信的。

A．以太网　　　　　　　B．网络协议　　　　　　C．连线　　　　　　　D．数据格式

参考答案：B

14．____是指通过计算机网络等电子手段来完成商业贸易活动

A．信息通信　　　　　　B．远程登录　　　　　　C．信息检索　　　　　　D．电子商务

参考答案：D

15．多媒体中的超文本，是一种非线性的____结构的文本。

A．星形　　　　　　　　B．网状　　　　　　　　C．总线　　　　　　　　D．层次

参考答案：B

16．下列有关网络的说法中，____是错误的。

A．在电子邮件中，除文字、图形外，还可包含音乐、动画等

B．在网络范围内，用户可共享其他系统的软件和硬件

C．一般如果网络中有一台计算机出现故障，则整个网络瘫痪

D．OSI/RM 分为七个层次，最高层是应用层

参考答案：C

17．在 Internet 提供的"电子邮件"服务中，可以包含的信息是____。

A．中文字、声音信息　　　　　　　　　　B．文字、数字、图像

C．文字、数字、声音与图像　　　　　　　D．数字、文字

参考答案：C

18．在 Internet 中，以下 IPv4 地址中，____是不可能的。

A．189.76.56.156　　　　　　　　　　　B．176.78.89.67

C．202.96.13.25　　　　　　　　　　　D．123.256.36.2

参考答案：D

19．E-mail 地址中@后面的内容是指____。

A．账号　　　　　　　　　　　　　　　B．密码

C．收信服务器名称　　　　　　　　　　D．寄信服务器名称

参考答案：C

20．网络上可以共享的资源有____。

A．传真机，数据，显示器

B．调制解调器，打印机，缓存

C．调制解调器，内存，图像等

D．打印机，数据，软件等

参考答案：D

21．HTML 的中文名称是____语言。

A．超文本标记语言　　　　　　　　　　B．Internet 编程

C．主页制作　　　　　　　　　　　　　D．WWW 编程

参考答案：A

22．下面哪个是 Internet 中的 E-mail 地址？_____

A．ftp://www.njcit.edu.cn

B．xiaolu@njcit.edu.cn

C．http://www.163.net

D.　http://www.njcit.edu.cn

参考答案：B

23. 在因特网中，电子公告板的缩写是＿＿＿。

A.　FTP
B.　WWW
C.　BBS
D.　E-mail

参考答案：C

24. 局域网使用的数据传输介质有同轴电缆、双绞线和＿＿＿。

A.　电缆线
B.　电话线
C.　光缆
D.　总线

参考答案：C

25. 目前互联网服务器使用得最多的操作系统是＿＿＿。

A.　Windows NT
B.　Windows 2000
C.　UNIX
D.　Linux

参考答案：C

五、综合测试题

一、单项选择题（1分/题×40题 ＝ 40分）

1. 第一台电子计算机是 1946 年在美国研制的，该机的英文缩写名是＿＿＿。

A.　ENIAC
B.　EDVAC
C.　EDSAC
D.　MARK-II

2. 一个完整的微型计算机系统应包括＿＿＿。

A.　主机及存储器
B.　主机箱、键盘、显示器和打印机
C.　硬件系统和软件系统
D.　系统软件和应用软件

3. 二进制 10101100 转换成十进制数是＿＿＿。

A.　210
B.　172
C.　158
D.　192

4. 在计算机中，Byte 的中文含义是＿＿＿。

A.　二进制位
B.　字
C.　字节
D.　双字

5. 计算机唯一能够直接识别和处理的语言是＿＿＿。

A.　汇编语言
B.　高级语言
C.　甚高级语言
D.　机器语言

6. 微型计算机的发展是以＿＿＿＿发展为特征的。

A.　主机
B.　软件
C.　微处理器
D.　控制器

7. 在计算机中采用二进制，是因为＿＿＿。

A.　电路简单可靠

B.　二进制 0、1 正好代表逻辑运算中的"假"和"真"

C.　二进制的运算规则简单

D.　上述三个原因

8. 在计算机中，存储容量为 1MB，指的是＿＿＿。

A.　1024×1024 个字
B.　1024×1024 个字节
C.　1000×1000 个字
D.　1000×1000 个字节

9. 在计算机中外存储器通常使用硬盘作为存储介质，硬盘中存储的信息，在断电后＿＿＿。

A.　不会丢失
B.　完全丢失
C.　少量丢失
D.　大部分丢失

10. 在下列存储器中，访问速度最快的是＿＿＿。

　A. 硬盘存储器　　　　　　　　　　　　　B. 软盘存储器

　C. 半导体 RAM（内存储器）　　　　　　　D. 光盘存储器

11. 汉字国标码（GB2312—80）规定的汉字编码，每个汉字用＿＿＿。

　A. 一个字节表示　　　　　　　　　　　　B. 二个字节表示

　C. 三个字节表示　　　　　　　　　　　　D. 四个字节表示

12. 计算机软件系统包括＿＿＿。

　A. 编辑软件和连接程序　　　　　　　　　B. 数据软件和管理软件

　C. 程序和数据　　　　　　　　　　　　　D. 系统软件和应用软件

13. 使用 Cache 可以提高计算机运行速度，这是因为＿＿＿。

　A. Cache 增大了内存的容量　　　　　　　B. Cache 扩大了硬盘的容量

　C. Cache 缩短了 CPU 的等待时间　　　　　D. Cache 可以存放程序和数据

14. 计算机中数据操处理和存储容量的基本单位是＿＿＿。

　A. 位　　　　　　B. 字长　　　　　　　　C. 字　　　　　　　D. 字节

15. 操作系统的主要功能是＿＿＿。

　A. 实现软、硬件转换　　　　　　　　　　B. 管理系统所有的软、硬件资源

　C. 把源程序转换为目标程序　　　　　　　D. 进行数据处理

16. HTTP 协议可以对应到 OSI 的＿＿＿。

　A. 数据链路层　　　　B. 应用层　　　　　C. 网络层　　　　　D. 传输层

17. 下列各项中，不属于多媒体硬件的是＿＿＿。

　A. 光盘驱动器　　　　B. 视频卡　　　　　C. 音频卡　　　　　D. 加密卡

18. Enter 键是＿＿＿。

　A. 输入键　　　　　　B. 回车换行键　　　C. 空格键　　　　　D. 换档键

19. 计算机病毒是指＿＿＿。

　A. 生物病毒感染　　　　　　　　　　　　B. 细菌感染

　C. 被损坏的程序　　　　　　　　　　　　D. 人为编制的具有破坏性的程序

20. 下面列出的计算机病毒传播途径，不正确的说法是＿＿＿。

　A. 使用来路不明的软件　　　　　　　　　B. 通过借用他人的 U 盘

　C. 通过非法的软件拷贝　　　　　　　　　D. 通过把多张光盘叠放在一起

21. 在计算机网络中，LAN 指的是＿＿＿。

　A. 局域网　　　　　　B. 广域网　　　　　C. 城域网　　　　　D. 以太网

22. 计算机病毒主要是造成＿＿＿破坏。

　A. 软盘　　　　　　　B. 磁盘驱动器　　　C. 硬盘　　　　　　D. 程序和数据

23. 下列选项中，不属于计算机病毒特征的是＿＿＿。

　A. 破坏性　　　　　　B. 潜伏性　　　　　C. 传染性　　　　　D. 免疫性

24. 计算机网络的应用越来越普遍，它的最大好处在于＿＿＿。

　A. 节省人力　　　　　　　　　　　　　　B. 存储容量大

　C. 可实现资源共享　　　　　　　　　　　D. 使信息存储速度提高

25. Internet 采用域名地址是因为＿＿＿＿＿。

　A. 一台主机必须用域名地址标识　　　　　B. IP 地址不能唯一标识一台主机

　C. 一台主机必须用 IP 地址和域名地址共同标识　D. IP 地址不便记忆

26. 在 Word 中，打算给文档中一段已经被选取的文字加上下画线并变成斜体字，应当执行的操作是_____。

    A. 单击工具栏中的 "U" 按钮
    B. 单击工具栏中的 "I" 按钮

    C. 单击工具栏中的 "B" 按钮和 "I" 按钮
    D. 单击工具栏中的 "U" 和 "I" 按钮

27. 在 Word 的文档中添加艺术字，应使用_____。

    A. "格式" 菜单。
    B. "编辑" 菜单。

    C. "工具" 菜单。
    D. "插入" 菜单。

28. Word 的编辑状态中，"复制" 操作的组合键盘是_____。

    A. Ctrl+A
    B. Ctrl+X
    C. Ctrl+V
    D. Ctrl+C

29. 如要在 Word 文档中创建表格，应使用_____菜单。

    A. 格式
    B. 表格
    C. 工具
    D. 插入

30. 在 Word 文档中，选定文档的某些内容后，使用鼠标拖动方法将其复制时，配合的键盘操作是_____。

    A. 按住 Esc 键
    B. 按住 Ctrl 键
    C. 按住 Alt 键
    D. 不做操作

31. 下列哪个不是 Excel 的正确公式？_____

    A. ="a"&"b"
    B. =5=3
    C. 5*3
    D. =5>3

32. 在单元格 A1、A2、B1、B2 有数据 1、2、3、4，在单元格 C5 中输入公式 "=SUM(B2:A1)"，则 C5 单元格中的数据为_____。

    A. 10
    B. 0
    C. 3
    D. 7

33. 使用 "图表向导" 制作统计图表的四个步骤中，最后一步是_____。

    A. 指定图表数据源
    B. 确定图表位置

    C. 设置图表选项
    D. 选择图表类型

34. 用筛选条件 "数学>65 与总分>250" 对成绩数据表进行筛选后，在筛选结果中都是_____。

    A. 数学分>65 的记录。
    B. 数学分>65 并且总分>250 的记录。

    C. 总分>250 的记录。
    D. 数学分>65 或者总分>250 的记录。

35. 合并单元格是指将选定的连续单元区域合并为_____。

    A. 1 个单元格
    B. 1 行 2 列
    C. 2 行 2 列
    D. 任意行和列

36. PowerPoint 2003 中演示文稿的缺省扩展名为_____。

    A. .doc
    B. .txt
    C. .ppt
    D. .xls

37. 在幻灯片中插入的声音文件，默认情况下_____。

    A. 在 "幻灯片视图" 中单击它即可激活
    B. 在 "幻灯片视图" 中双击它才可激活

    C. 在放映时，单击它即可激活
    D. 在放映时，双击它才可激活

38. PowerPoint 演示文稿在放映时能呈现多种效果，这些效果_____。

    A. 完全由放映的具体操作决定
    B. 需要在编辑时设定相应的放映属性

    C. 与演示文稿本身无关
    D. 由系统决定，无法改变

39. PowerPoint 2003 中，选择菜单 "格式" → "项目符号和编号" → "项目符号" 选项，单击 "自定义" 按钮，可以选择_____作为文本的项目符号。

    A. 编号
    B. 符号
    C. 图片
    D. 图形

40. 只有在_____视图下，"超链接" 功能才起作用。

A．幻灯片放映　　　　B．幻灯片浏览　　　C．大纲　　　　D．普通

二、填空题（2 分/题×10 题 = 20 分）

1．1MB 的存储容量最多可以存储_____个中文汉字。

2．典型的微型计算机系统总线是由数据总线、_____和控制总线 3 部分组成的。

3．在 Word 中，要在页面上插入页眉、页脚，应使用_____菜单中的"页眉和页脚"命令。

4．电子邮件地址格式一般是由用户名、@符号和_____三部分组成。

5．用屏幕水平方向上显示的像素数乘垂直方向上显示的像素数来表示显示器清晰度的指标，通常称该指标为_____。

6．因特网（Internet）上最基本的通信协议是_____。

7．Excel 中，求和函数的英文书写方式为_____。

8．一般办公中常见的打印机类型主要有针式打印机、_____和喷墨打印机等三种。

9．某网站的域名为 www.abcdef.edu.cn，则表示该网站的类型为_____。

10．类似于百度、谷歌、雅虎等为我们提供的上网检索工具，我们一般称呼其为_____。

三、判断题（1 分/题×10 题=10 分）

1．计算机中最小的数据处理单位是二进制的一个数位。（　　）

2．外存中的数据可以直接进入 CPU 被处理。（　　）

3．第四代电子计算机主要采用大规模和超大规模集成电路元件制造。（　　）

4．投影仪是一种输出设备。（　　）

5．计算机屏幕上可以出现多个窗口，但只有一个是活动窗口。（　　）

6．在计算机内部，一切信息的存放、处理和传递均采用二进制的形式。（　　）

7．删除快捷方式图标，则相应的程序也被从磁盘上删除。（　　）

8．Word 2003 可以对图片进行编辑。（　　）

9．"计算机辅助设计"的英文简写为 CAD。（　　）

10．17 英寸显示器中的 17 是指显示器的对角线长度为 17 英寸。（　　）

四、问答题（总 30 分）

1．对于计算机用户来说，计算机系统安全是非常重要的。请简述常规的计算机系统安全维护技术都有哪些。（8 分）

2．按照冯·诺依曼理论，计算机硬件由五大部分组成，请问是哪五部分？并画出其组成结构图。（8 分）

3．某公司销售电脑，销售标牌描述为：

P4-2.8G/1G DDR/250G/显卡 64M/DVD 光驱/15.1-TFT /4*USB2.0/100M 网卡

请根据该标牌信息描述出该计算机的性能参数：（8 分）

① CPU 的性能参数为：

② 内存的性能参数为：

③ 硬盘的性能参数为：

④ 显示屏的性能参数为：

4. 写出下列英文简写的汉语意思。（6分）

① CPU

② E-mail

③ BBS

④ FTP

（综合测试题参考答案）

一、选择题

参考答案：

题号	1	2	3	4	5	6	7	8	9	10
答案	A	C	B	C	D	C	D	B	A	C
题号	11	12	13	14	15	16	17	18	19	20
答案	B	D	C	D	B	B	D	B	D	D
题号	21	22	23	24	25	26	27	28	29	30
答案	A	D	D	C	D	D	D	D	B	B
题号	31	32	33	34	35	36	37	38	39	40
答案	C	A	B	B	A	C	C	B	B	A

二、填空题：

参考答案：

1. （1024×1024/2） 或 约为50万   2. 地址总线

3. 视图   4. 电子邮件所在的主机域名（须包含"主机域名"关键字）

5. 分辨率   6. TCP/IP

7. SUM() 或 SUM   8. 激光打印机

9. 教育机构   10. 搜索引擎

三、判断题：

参考答案：

1. ×   2. ×   3. √   4. √   5. √   6. √   7. ×   8. ×   9. √   10. √

四、问答题：

参考答案：

1. 参考答案：

答案中应主要包括：

（1）完整正确地安装操作系统及其全部最新补丁程序。

（2）安装有效的杀毒软件并及时更新病毒库。

（3）安装并设置系统防护工具，如防火墙等。

（4）良好的使用习惯；不随意进入不安全的网站，不随意打开未知的程序等。

2．参考答案：

运算器、控制器、存储器、输入设备、输出设备

组织结构图　（略）

3．参考答案：

① CPU 的性能参数为：奔四，主频 2.8GHz

② 内存的性能参数为：DDR 内存 1GB 容量

③ 硬盘的性能参数为：250GB 容量

④ 显示屏的性能参数为：15.1 英寸，TFT（真彩）液晶屏

4．参考答案：

① CPU　　　中央处理器

② E-mail　　电子邮件

③ BBS　　　电子公告牌（或电子讨论版）

④ FTP　　　文件传输协议

附录 D ASCII 码标准码表

ASCII值	控制字符	ASCII值	控制字符	ASCII值	控制字符	ASCII值	控制字符
0	NUT	32	(space)	64	@	96	、
1	SOH	33	!	65	A	97	a
2	STX	34	”	66	B	98	b
3	ETX	35	#	67	C	99	c
4	EOT	36	$	68	D	100	d
5	ENQ	37	%	69	E	101	e
6	ACK	38	&	70	F	102	f
7	BEL	39	,	71	G	103	g
8	BS	40	(	72	H	104	h
9	HT	41	)	73	I	105	i
10	LF	42	*	74	J	106	j
11	VT	43	+	75	K	107	k
12	FF	44	,	76	L	108	l
13	CR	45	-	77	M	109	m
14	SO	46	.	78	N	110	n
15	SI	47	/	79	O	111	o
16	DLE	48	0	80	P	112	p
17	DCI	49	1	81	Q	113	q
18	DC2	50	2	82	R	114	r
19	DC3	51	3	83	X	115	s
20	DC4	52	4	84	T	116	t
21	NAK	53	5	85	U	117	u
22	SYN	54	6	86	V	118	v
23	TB	55	7	87	W	119	w
24	CAN	56	8	88	X	120	x
25	EM	57	9	89	Y	121	y
26	SUB	58	:	90	Z	122	z
27	ESC	59	;	91	[	123	{
28	FS	60	<	92	/	124	l
29	GS	61	=	93	]	125	}
30	RS	62	>	94	^	126	~
31	US	63	?	95	—	127	DEL

注：控制字符含义

NUL 空	VT 垂直制表	SYN 空转同步
SOH 标题开始	FF 走纸控制	ETB 信息组传送结束
STX 正文开始	CR 回车	CAN 作废
ETX 正文结束	SO 移位输出	EM 纸尽
EOY 传输结束	SI 移位输入	SUB 换置
ENQ 询问字符	DLE 空格	ESC 换码
ACK 承认	DC1 设备控制 1	FS 文字分隔符
BEL 报警	DC2 设备控制 2	GS 组分隔符
BS 退一格	DC3 设备控制 3	RS 记录分隔符
HT 横向列表	DC4 设备控制 4	US 单元分隔符
LF 换行	NAK 否定	DEL 删除